基于数字图像的
大容量信息隐藏算法

High Capacity Information Hiding Algorithm
in Digital Images

谢建全　著

科 学 出 版 社

北 京

内 容 简 介

　　本书是作者多年来在信息安全领域研究成果的总结,主要围绕如何提高信息隐藏容量,以满足隐秘通信和篡改认证等应用所需的嵌入容量这个目标展开。全书共8章,第1章介绍了国内外信息隐藏的相关理论、技术和应用现状;第2章讨论了影响隐藏容量的不可感知性评价和改进方法;第3章讨论了图像的加密与置乱在信息隐藏中提高隐秘数据的不可感知性、安全性、抗剪切攻击性和隐蔽信道容量等方面的作用;第4～8章着重讨论了在图像空间域和变换域提高信息隐藏容量的技术和方法,并给出了基于空间域、变换域和游程长度的多种大容量信息隐藏算法。

　　本书可供信息隐藏、保密通信、版权保护、数字指纹、多媒体内容篡改认证等领域的科技人员阅读,也可作为高等院校信息安全、通信工程和计算机科学与应用等专业的研究生和高年级本科生的教材和参考书。

图书在版编目(CIP)数据

基于数字图像的大容量信息隐藏算法/谢建全著. —北京:科学出版社,
2014.7
　　ISBN 978-7-03-041395-6

　　Ⅰ.①基… Ⅱ.①谢… Ⅲ.①信息系统—安全技术—算法—研究
Ⅳ.①TP309

中国版本图书馆 CIP 数据核字(2014)第 156051 号

策划编辑: 陈　静 / 责任编辑: 陈　静　邢宝钦 / 责任校对: 彭　涛
责任印制: 徐晓晨 / 封面设计: 迷底书装

科学出版社出版
北京东黄城根北街 16 号
邮政编码: 100717
http://www.sciencep.com

北京凌奇印刷有限责任公司印刷
科学出版社发行　　各地新华书店经销
*
2014 年 7 月第 一 版　　开本: 720×1 000　1/16
2019 年 1 月第五次印刷　　印张: 10 3/4
字数: 214 200

定价: 68.00 元
(如有印装质量问题,我社负责调换)

前　　言

　　互联网络和信息科学的飞速发展，为信息的传输和处理带来了极大方便，但是网络在给人们带来便利的同时也暴露出越来越严重的安全问题。为了保证信息的安全，人们广泛使用加密技术对要保护的信息进行加密，然而一段有意义的信息通过加密处理后，会转换成看起来没有意义的乱码信息。这种加密后的乱码信息呈现出明显的乱码特性，明确地提示攻击者密文是重要信息，容易引起攻击者的好奇和注意，从而造成攻击者明确知晓攻击的目标。即使加密的强度足以使得攻击者无法破解出明文，但攻击者仍有足够的手段来对其进行破坏，干扰通信的进行，并且信息加密后的乱码特性使得攻击者很容易发现这些加密后的信息，因此加密作为一种安全传输的手段存在明显的不足。

　　信息隐藏(information hiding)是一种具有伪装特点的新兴信息安全技术，它从另外一个角度来保证信息传输的安全，从而引起了人们的极大关注。它通过隐藏信息的"存在性"来保证信息的安全传输，能解决密码学在应用上容易引起攻击的问题。信息隐藏主要应用在包括隐秘通信、版权保护、数字指纹、多媒体内容篡改认证等军事和民用领域，有重要的理论和应用研究价值。在过去的十多年中，信息隐藏的一大分支数字水印取得了快速的发展，但在隐秘通信和篡改认证方面取得的研究成果相对较少。其主要原因是缺乏对安全性和感知质量客观准确的评价手段，隐藏算法的嵌入容量、安全性、感知失真之间的固有约束存在着一定的难度，尤其是多数隐藏算法的嵌入容量还远未达到隐秘通信的容量要求。因此，本书的主要工作就是围绕如何提高信息隐藏容量，以满足隐秘通信和篡改认证等应用所需的嵌入容量这个目标展开的，内容涉及信息隐藏的不可感知性评估、数字图像的加密与置乱、大容量的图像信息隐藏算法等方面。本书共分8章，具体安排如下。

　　第1章为绪论。介绍本书形成的背景和意义，给出了国内外相关理论、技术和应用现状，讨论了目前主流算法的特点和不足。

　　第2章介绍了常用的视觉不可感知性评价方法，并讨论了它们的不足之处。根据人眼视觉特性提出了一种衡量信息隐藏算法不可感知性的视觉失真感知函数，并对视觉失真感知函数与峰值信噪比等传统指标进行视觉感知质量方面的对比评价。

　　第3章概述了隐秘信息预处理的要求，给出了传统的数据加密方法因为复杂度高而不适合对有大量冗余信息的图像、音频和视频等多媒体数据进行预处理的观点，指出了混沌加密在信息隐藏中提高隐秘数据的不可感知性、安全性、抗剪切攻击性和隐蔽信道容量等方面的作用。针对目前用于信息隐藏预处理的混沌序列加密和混沌置乱两类方法，探讨了用它们直接进行隐秘数据预处理中存在的安全问题，给出了产生混沌序列和图像混沌置乱的新算法。

第 4 章分析了图像在空间域的位平面分解特性，提出了基于空间域的大容量算法。利用人类视觉系统的亮度掩蔽效应，提出了一种基于彩色图像空间域的自适应信息隐藏算法，该算法根据像素点的每个颜色分量判断信息的隐藏位置，在满足不可感知性的前提下，能最大限度地利用可利用的隐藏空间。针对空间域算法隐藏容量大但安全性差的特点，提出了一种具有鲁棒性且较安全的空间信息隐藏算法。本章还利用空间域信息隐藏算法嵌入容量大的特点，提出了一种用于图像内容像素级篡改认证的脆弱水印算法，不仅能准确地识别图像被篡改的像素点，还能容忍图像传输过程中出现的个别认证信息位的传输错误。

第 5 章分析了 DCT 系数的分布特性，通过对载体图像进行频谱均匀化处理，获得更多的可用于隐藏信息的 DCT 系数，从而提高算法的可嵌入容量。根据这一思想提出了在频谱均匀化的基础上进行隐藏的大容量隐藏算法。根据 JPEG 压缩不变性，提出了对不超过预设品质因子的有损压缩有强鲁棒性的大容量隐藏算法。

第 6 章分析了二值图像的特点，并根据二值图像每个像素点非白即黑的特点，提出了 2×2 分块的二值图像大容量算法。该算法自适应地确定了可嵌入隐藏信息的比特数，嵌入位置可通过密钥控制。

第 7 章针对半色调这种特殊的二值图像，利用半色调处理技术提出了一种能在半色调图像中嵌入与载体图像同样大小的水印图像的隐藏算法，信息的嵌入过程与半色调处理过程同步进行。在提取过程中，只要将标准半色调图像直接叠加到含水印图像上，就能看到水印图像，可应用于所有基于半色调技术的图片的认证和防伪。

第 8 章分析了自然图像游程长度的分布特点和多数信息隐藏算法对游程长度的统计特性的影响，指出了这种影响与算法的安全性的关系。利用人类视觉特性，提出了一种基于游程长度的大容量隐藏算法，可应用于隐秘通信等对隐藏容量和安全性有较高要求的场合。

本书的出版得到湖南省教育科学"十二五"规划课题"数字教学资源共享与版权保护机制及技术研究"（XJK011BXJ008）、湖南省科技计划项目"基于机器视觉的产品瑕疵检测技术研究"（2012GK3064）和湖南省高等学校重点建设学科——湖南财政经济学院计算机应用技术学科的资助。

　　感谢作者所在工作单位湖南财政经济学院各级领导、老师对本书撰写的关心和支持，感谢所有关心、支持、帮助过作者的领导、老师、同事和朋友。书中引用了大量的文献资料，在此向原作者表示深深的谢意。

　　由于作者学识、水平有限，书中不足之处在所难免，恳请同行专家和广大读者不吝指正！

谢建全

于长沙湖南财政经济学院

2014 年 3 月

目　　录

前言

第1章　绪论···1

　1.1　信息隐藏的基本概念··1

　　1.1.1　信息隐藏的基本框架···1

　　1.1.2　信息隐藏的技术性能要求··3

　1.2　隐藏技术分类···4

　1.3　基于图像的信息隐藏基本算法··7

　　1.3.1　空间域信息隐藏算法···7

　　1.3.2　变换域信息隐藏算法···8

　　1.3.3　其他隐藏算法···11

　1.4　信息隐藏的典型应用···12

　1.5　基于图像的信息隐藏容量研究现状···15

　　1.5.1　基于传统的信道容量计算方法··16

　　1.5.2　基于空间域的信道容量计算方法···19

　1.6　本书主要研究内容···21

第2章　信息隐藏不可感知性评价方法··23

　2.1　人眼视觉特性分析···23

　　2.1.1　人眼视觉的生理学特性··24

　　2.1.2　人眼视觉的心理学特性··25

　2.2　信息隐藏不可感知性的评价方法··28

　　2.2.1　主观评价方法··28

　　2.2.2　基于像素的客观评价方法···29

　　2.2.3　基于变换域的客观评价方法··32

　2.3　峰值信噪比在信息隐藏不可感知性评价中的缺陷分析·····················33

　2.4　基于人类视觉的不可感知性评价方法··36

　　2.4.1　视觉失真感知函数··36

　　2.4.2　实验结果与分析··38

　2.5　本章小结··42

第 3 章　基于混沌的隐秘数据预处理 ···43

3.1　隐秘数据预处理要求 ··43

3.2　混沌映射及其在隐秘数据预处理中的应用 ··························44

　　3.2.1　混沌的特性 ··44

　　3.2.2　混沌在隐秘数据预处理中的应用 ·······························46

3.3　基于 Logistic 混沌映射的数据加密方法 ·····························49

　　3.3.1　Logistic 映射特性 ···49

　　3.3.2　Logistic 映射的安全问题 ··51

　　3.3.3　改进算法 ···53

　　3.3.4　实验结果与分析 ··54

3.4　基于混沌映射的图像置乱 ···59

　　3.4.1　混沌置乱的概念 ··59

　　3.4.2　图像置乱程度衡量方法 ··60

3.5　基于 Arnold 变换的快速安全的图像置乱算法 ·····················62

　　3.5.1　Arnold 变换及其安全性分析 ···62

　　3.5.2　算法思路 ···63

　　3.5.3　算法描述 ···64

　　3.5.4　实验结果与分析 ··66

3.6　本章小结 ···68

第 4 章　基于空间域的连续色调图像大容量信息隐藏算法 ·········70

4.1　空间域的位平面分解及其特性 ··70

　　4.1.1　基于固定位的平面分解 ··70

　　4.1.2　基于最高有效位的位平面分解 ·······································76

4.2　基于空间域的彩色图像大容量隐藏算法 ·······························79

　　4.2.1　彩色图像各通道的视觉特性 ···79

　　4.2.2　彩色图像大容量信息隐藏算法 ·······································82

　　4.2.3　实验结果与分析 ··84

4.3　鲁棒的空间域自适应大容量隐藏算法 ···································87

　　4.3.1　隐藏算法的鲁棒性分析 ··87

　　4.3.2　嵌入与提取算法 ··88

　　4.3.3　实验结果与分析 ··91

4.4　基于空间域的像素级篡改定位算法 ······································93

　　4.4.1　篡改认证及其定位精度 ··93

　　　4.4.2　像素级的篡改定位算法 ··94
　　　4.4.3　认证信息的嵌入与认证检测 ···95
　　　4.4.4　实验结果与分析 ···96
　4.5　本章小结 ···97

第5章　基于 DCT 域的大容量信息隐藏算法 ···99
　5.1　DCT 域及其特点 ···99
　　　5.1.1　DCT 的定义 ··99
　　　5.1.2　DCT 与 JPEG 压缩标准 ···100
　　　5.1.3　DCT 系数的分布模型 ··102
　　　5.1.4　DCT 域信息隐藏算法的特点 ···103
　5.2　基于频谱均匀化的 DCT 域大容量隐藏算法 ·······································104
　　　5.2.1　频谱均匀化对隐藏容量的影响 ···104
　　　5.2.2　算法描述 ··105
　　　5.2.3　实验结果与分析 ···107
　5.3　基于中高频系数的自适应信息隐藏算法 ··108
　　　5.3.1　JPEG 压缩中的不变属性 ···108
　　　5.3.2　基于 JPEG 压缩不变性的中高频系数信息隐藏算法 ······················109
　　　5.3.3　实验结果与分析 ···111
　5.4　本章小结 ··112

第6章　二值图像大容量信息隐藏算法 ···114
　6.1　二值图像信息隐藏的特点 ··114
　6.2　二值图像信息隐藏算法研究现状 ··116
　　　6.2.1　修改二值文本文档中的行间距或字间距的信息隐藏算法 ···············116
　　　6.2.2　分块隐藏方法 ··118
　　　6.2.3　文字特征修改法与边界修改法 ···119
　　　6.2.4　基于半色调图像的嵌入算法 ···121
　6.3　基于分块的大容量信息隐藏算法 ··122
　　　6.3.1　分块与嵌入策略 ··122
　　　6.3.2　秘密信息嵌入算法 ···123
　　　6.3.3　隐藏信息提取方法 ···124
　　　6.3.4　实验结果与分析 ··125
　6.4　本章小结 ··128

第 7 章　半色调图像信息隐藏算法 ··129

　　7.1　半色调图像信息隐藏算法的特点 ··129

　　7.2　基于误差扩散算法的半色调技术 ··129

　　7.3　基于半色调技术的信息隐藏算法 ··131

　　7.4　仿真实验 ··132

　　7.5　本章小结 ··134

第 8 章　基于游程长度的图像大容量信息隐藏算法 ·························135

　　8.1　游程长度的分布特点 ··135

　　8.2　典型算法的安全性分析 ··138

　　8.3　基于游程长度的信息隐藏算法 ··141

　　　　8.3.1　基于游程长度的嵌入策略 ··141

　　　　8.3.2　隐藏信息的嵌入算法 ··142

　　　　8.3.3　隐藏信息的提取方法 ··143

　　8.4　仿真实验结果与分析 ··143

　　8.5　本章小结 ··151

参考文献 ··152

第1章 绪 论

  网络的推广和普及为信息的传输和处理带来了极大方便，但是网络在给人们带来便利的同时也暴露出越来越严重的安全问题。为了保证信息的安全，人们广泛使用加密技术对要保护的信息进行加密，然而一段有意义的信息通过加密处理后，会转换成看起来没有意义的乱码信息，它明确地提示攻击者密文是重要信息，容易引起攻击者的好奇和注意，从而造成攻击者明确知晓攻击的目标。即使加密的强度足以使攻击者无法破解出明文，但攻击者仍有足够的手段来对其进行破坏，干扰通信的进行。

  具有伪装特点的新兴信息安全技术——信息隐藏(information hiding)技术则是从另外一个角度来保证信息传输的安全，它通过将所要传送的信息嵌入到可以公开传输的多媒体信息中，利用人类感觉器官的局限性，使人觉察不到秘密信息的存在，从而实现秘密信息的安全传输，有效地解决了密码术容易引起攻击者注意的安全问题。密码技术隐藏信息的"内容"，而信息隐藏技术则隐藏信息的"存在性"，它们之间不是互相矛盾、互相竞争的关系，运用恰当策略、相互融合会得到更好的应用。信息隐藏的应用包括版权保护、数字指纹、多媒体内容篡改认证、隐秘通信等军事和民用领域，因此有着重要的理论和应用价值。

1.1 信息隐藏的基本概念

  信息隐藏是一种防止秘密信息在存储和传输过程中受到敌手的攻击和破坏而采用的一种安全保障技术，其历史可以追溯到古希腊。随着数字技术的发展，信息隐藏被赋予新的含义。它研究的是如何利用人类感觉器官在感知上的局限性和多媒体数字信号本身存在的冗余，以数字媒体或数字文件为载体，将秘密信息隐藏在一个宿主信号中而不为人们所感知，从而达到保护信息安全的目的。

1.1.1 信息隐藏的基本框架

  目前通常将信息隐藏看成一个通信过程[1]，通用信息隐藏模型框图如图 1-1所示[2]。

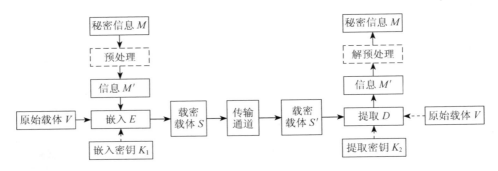

图 1-1　通用信息隐藏模型框图

(1) 秘密信息：是指要进行隐藏的信息，它可以是文本、图像、视频或声音等二进制数据。

(2) 原始载体：有时也称为载体介质或宿主数据，它可以是文本、图像、视频或音频信息。由于图像数据的空间冗余和视觉冗余较大，具有大量的冗余空间以隐藏更多的信息，更适宜于信息隐藏，所以从目前所做的信息隐藏算法来看，以图像或视频的比较多，尤其是大容量信息隐藏算法多以数字图像作为载体。用作载体的图像称为原始图像。

(3) 嵌入：是指将秘密信息嵌入隐秘载体的过程。

(4) 载密载体：它是嵌入过程的输出，是指已经进行数据嵌入的某种介质。为满足不可感知的要求，载密载体与原始载体在主观感觉上应该是没有区别的。

(5) 隐藏密钥：有时也称为伪装密钥，它是在隐藏过程中用来控制嵌入过程和嵌入位置的一些额外的秘密数据，在恢复要嵌入的信息时，通常要用到它或与它相关的一些信息。并不是所有的隐藏算法都要用到隐藏密钥。

(6) 恢复或提取：它是嵌入过程的逆过程，是指利用相关密钥，从伪装后的载体介质中得到所嵌入的信息。

(7) 预处理：是对信息加密、置乱或特性调制的过程[3-5]，在信息隐藏中它不是必需的，但它可以有效地改善信息隐藏算法的性能。其作用有两个：一是加密等操作使隐藏数据呈现噪声特性，可以在隐藏算法被攻破后，攻击者得到的仍然是一些无意义的数据，无法判断其得到的数据是否为隐藏的秘密信息，从而提高隐藏信息的安全性；二是对需隐藏的信息 M 进行纠错编码[6]，因为在存在攻击的情况下，隐藏数据的检测发生错误是必然的[7]，使用纠错编码可以在信息 M' 存在误差时，仍然能够得到正确的隐藏信息，从而提高系统的鲁棒性。

信息隐藏的目的是在收发双方之间建立一个隐蔽的通信，使攻击者无法知道这个通信事件的存在。信息隐藏的隐藏与提取过程如下。

首先，将等待秘密发送的信息 M 经过加密或其他预处理后得到信息 M'；然后，通过嵌入算法和嵌入密钥 K_1 将信息 M' 嵌入到载体 V 中，得到嵌入有信息 M' 的载密载体 S，S 在传输通道中传输，接收方收到传输过来的载密载体 S'，接收方在收到信息 S' 后通过提取算法和提取密钥 K_2，将载密载体 S' 中的信息 M' 提取出来；最后，通过解预处理得到信息 M。在传输过程中，如果未受到任何干扰或攻击，则 S 与 S' 完全相同，否则它们之间就存在差异。

1.1.2 信息隐藏的技术性能要求

信息隐藏的技术性能要求有不可感知性、鲁棒性、隐藏容量和安全性等多个方面[8-10]，并视其应用场合不同而有所不同。

（1）不可感知性，又称为透明性、不可见性，指的是隐藏信息的嵌入操作不应使载体发生可感知的改变，也不能使载体在质量上发生可以感觉到的失真，即除了个别特殊应用场合会采用可见水印，隐秘载体 S 和原载体 V 应充分接近。例如，若载体 V 为一幅图像，则肉眼应无法区分载密图像 S 与原图像 V 之间的差异。不可感知性是信息隐藏最基本的指标，如果这一指标不能满足，则在通信过程中携带秘密信息的载体就会引起第三方的怀疑，从而失去了隐藏的意义。

（2）鲁棒性，又称为健壮性，指的是加入载体中的隐藏信息必须能够承受施加于载体的变换操作（如常规信号处理、重采样、有损压缩、旋转、缩放、裁剪等）。即使在载密载体 S 受到一定的扰动的情况下，隐藏信息仍然能保持一定的完整性，并能以一定的正确概率被检测到。对于版权保护等应用，存在攻击是不可避免的[11]，并且攻击者一定是主动的，它们有可能通过某种处理手段来去掉或破坏被嵌入信息，因此一般情况下有一定的鲁棒性要求。不过在某些特殊情况下，鲁棒性毫无用处甚至被极力避免，例如，用于真伪鉴别的水印就应该是脆弱的或者半脆弱的[12]，而不应是鲁棒的。

（3）隐藏容量，又称为嵌入信息量，是指在给定的载秘载体中能够隐藏于载体数据中的不被人类感觉器官感知的最大二进制秘密数据的位数，通常以嵌入的秘密信息大小与载体信息大小之比来表示。如果以数字图像为载体信号，那么一般以每个像素中所能嵌入的最大比特数来表示。对于一个具体的隐藏算法，要具有实用性，必须有足够的嵌入容量。目前研究容量的方法分别从两个不同角度对隐蔽信道容量进行定义：一种是不管具体的信息嵌入、提取算法和隐藏信息的鲁棒性，仅针对载体数据本身的特点研究载体作为隐蔽信道的容量，例如，文献[13]给出了在以图像作为掩护媒体的隐秘通信中，一幅图像（信道）能够传输的秘密信息量的上界，而不管秘密信息如何被提取；另一种是针对具体的信息嵌入、提取算法并考虑隐藏信息的鲁棒性问题来研究容量，即把针对具体的隐藏算法在载体信号中所能嵌入的最大数据量称为容量。

（4）安全性，指的是信息隐藏系统难以伪造或者加工，攻击者不能阅读和修改隐藏的信息。理想情况下是指攻击者不能检测到载体中是否包含隐藏信息。具体来说，安全性包括存在安全性和内容安全性[14]。存在安全性是指在任何时候，攻击者判断载密载体中是否包含隐藏信息的正确性都不高于随机的猜测。当前的隐写分析[15]主要是从存在安全性的角度实施攻击。内容安全性是指嵌入信息内容的安全性，具体包括信息嵌入的位置和信息内容，针对内容安全性的攻击称为"提取攻击"。Cachin 提出了数据隐藏的信息论模型[16]，并引入了概念"ε-安全"。如果载体信号和载密信号的概率分布的相关熵小于ε，那么就称数据隐藏系统是ε-安全的。如果$\varepsilon=0$，那么数据隐藏系统是绝对安全的，即 0-安全。Mittelholzer 从信息论的角度出发，提出了数据隐藏算法[17]，并以互信息来描述数据隐藏算法的安全性与鲁棒性。当前学术界对信息隐藏算法的安全性基本达成了这样一个共识：在信息隐藏算法和加密体制公开的前提下，算法的安全性仅依靠于密钥的使用，这与密码学中 Kerckhoffs 加密原则完全一致。

除了以上的一些基本技术性能要求，在实际应用中，根据具体情况可能还有盲检测性、通用性、嵌入与检测效率、水印修改与多重水印、虚检率等性能要求。

对于一个具体的隐藏算法，不可感知性、隐藏容量和鲁棒性三个指标常是相互制约的[18]，并且在一定条件下可以相互转化。例如，隐藏容量的增加往往需要增加对原始载体信息的修改，可能会使不可感知性下降；对嵌入的信息加大其嵌入强度，可提高其鲁棒性[19]，但往往大强度的信号调制会导致不可感知性的下降；在转化方面，增加密文信号的冗余可以提高鲁棒性，而这是以牺牲隐藏容量为代价的。实践中往往需要根据具体应用模式在这三者之间寻求适当的平衡点。对于数字水印技术，往往追求强鲁棒性，因为数字水印保护的是载体本身，在受到攻击后水印应该仍旧存在；而对于隐秘通信系统，在保证不可感知的前提下，更加强调隐藏容量，因为隐秘通信保护的是秘密信息，只有在隐藏容量达到一定规模时，隐秘通信才有实际意义。

1.2　隐藏技术分类

对信息隐藏技术进行分类的方法有多种，而分类方法的不同导致了分类的不同，它们之间既有联系又有区别。常用的分类方法有按使用密钥方式的分类方法、按提取过程是否需要原始载体的分类方法和按载体信息类型的分类方法等。

1. 按使用的密钥方式分类

按使用的密钥方式可分为无密钥隐藏系统和有密钥隐藏系统两大类，而根据密钥体制的不同，有密钥隐藏系统又分为私钥信息隐藏系统和公钥信息隐藏系统两类。

1) 无密钥信息隐藏系统

无密钥信息隐藏系统在数据嵌入和提取的过程中不使用密钥，因此不需要预先交换密钥。秘密信息的嵌入和提取的过程描述如下。

E：$V \times M \to S$ 为嵌入变换，对所有的 $m \in M$，$v \in V$，$s \in S$，有 $s = E(c, m)$。

D：$S' \to M'$ 为提取变换，对所有的 $s' \in S'$，$m \in M'$，有 $m' = D(s')$。

这里 V 是所有可能的原始载体的集合，M 是所有可能秘密信息的集合，S 是所有可能的载密载体的集合。在实用的信息隐藏系统中，集合 C 应选择有意义的但表面上无关紧要的信息(如所有有意义的数字图像的集合)，这样通信双方在交换秘密信息的过程中才不至于引起攻击者的怀疑。

在无密钥信息隐藏系统中，嵌入与提取过程无密钥控制，因此收发双方所使用的嵌入和提取算法是不能公开的。因为在无密钥信息隐藏系统中，除函数 E 和 D 之外不需要其他信息，所以系统的安全性完全取决于隐秘算法本身的安全性。但这违反了 Kerckhoffs 加密原则，因而并不十分安全。不过无密钥系统也并不是毫无安全性可言，当嵌入的信息是经过加密处理的并且其特性与没有隐藏信息的载体特性相同时，攻击者虽然能提取出隐藏的信息，但他无法确定提取出的信息是隐藏的信息还是原始载体信息的一部分，即无法判断载密载体 S' 中是否隐藏有秘密信息，从而得不到任何证据(甚至是猜测)能表明该系统发生过通信，此时整个算法仍然是安全的。因此在很多应用中，无密钥信息隐藏系统仍是首选，这是因为通信双方不需要共享一个隐藏密钥。

2) 私钥信息隐藏系统

私钥信息隐藏系统对信息的发送与接收使用相同的密钥，即图 1-1 中当 $K_1 = K_2$ 的情况，因此私钥信息隐藏系统也称为对称密钥信息隐藏系统。对称密钥信息隐藏系统和对称加密系统相类似，发送方选择一个隐秘载体 v 并利用密钥 k 将秘密信息 m 嵌入 v 中，并且隐秘载体 v 和隐秘对象 s 之间是知觉相似的。此处密钥 k 既可以用于在嵌入操作之前对秘密信息进行加密处理，也可以作为参数控制嵌入过程，或者同时使用。

如果接收方知道嵌入过程中所使用的密钥 k，则他就可采用与嵌入相反的逆向操作提取秘密信息。其他任何不知密钥 k 的人都不能提取出秘密信息 m。

秘密信息的嵌入和提取的过程描述如下。

E：$V \times M \times K \to S$ 为嵌入变换，对所有的 $m \in M$，$s \in S$，$k \in K$，有 $s = E(v, m, k)$。

D：$S' \times K \to M'$ 为提取变换，对所有的 $s' \in S'$，$m \in M'$，$k \in K$，有 $m' = D(s', k)$。

私钥信息隐藏系统的安全性信赖于私有密钥 k，因此私钥信息隐藏系统需要某些密钥的交换，即需要假设通信各方能够通过安全信道传送密钥，但这种额外秘密信息的传输与隐秘通信的原始意图是不相符的。

3）公钥信息隐藏系统

基于公钥密码系统的公钥信息隐藏系统是 1996 年 Anderson 在第一届信息隐藏国际会议上提出的[20]，他的方案中，信息在预处理过程中用公钥密码系统进行加密处理，再将密文嵌入载体中，不过多数学者认为这不是真正的公钥信息隐藏系统。国外有些学者已经在非对称水印方面进行了一些有益的探索[21,22]，但切实可行的真正意义的公钥信息隐藏系统还有待进一步研究，特别是在公开检测算法和密钥的时候，任何人都可以方便地检测水印，但却无法根据检测算法和密钥去除已嵌入信息的公钥信息隐藏系统。

2. 按提取过程是否需要原始载体分类

按提取信息的过程中是否需要原始载体信息可分为盲的隐藏技术（秘密信息提取时不需要原始载体信息）和非盲的隐藏技术两种。

通常在检测或者提取隐藏信息时，如果有原始的载体数据作为参照，那么能够极大地提高检测的准确性，这不仅是针对像噪声一样的失真，也是针对数据的几何失真，尤其是在隐秘载体经受到几何类攻击的时候，原始的载体数据在检测过程中的重要性更为显著。但是，在大多数的应用场合却不能取得原始的载体数据，如数据监控和跟踪。在隐秘通信的应用背景下，必须构造盲信息隐藏算法，否则基于信息隐藏的隐秘通信是没有实用价值的。在其他一些应用中，例如，在视频水印应用中，由于要处理的数据数量很大，使用原始载体数据也是行不通的。

非盲的信息隐藏系统比盲的隐藏系统设计起来容易一些，鲁棒性相对更好，隐藏容量相对更大，但盲的隐藏技术有更为广阔的应用领域。因此，目前的研究大都针对得不到原始载体的应用场合，即盲的隐藏技术。

3. 按载体信息类型分类

按载体信息类型可分为基于彩色或灰度图像、文本、视频、音频的信息隐藏技术。

基于图像的信息隐藏是在数字化图像中人眼无法感知的部分嵌入秘密信息的，通常是对部分图像数据（空域）或描述图像的参数（变换域）进行一定的修改或替换，这种修改或替换操作主要是利用人类的视觉感知特性实现的。由于图像具有较大的冗余空间，同时也是互联网上传递最为频繁的一种多媒体信息形式，所以图像成为信息隐藏的首选载体。可以查到的有关信息隐藏的文献中以图像作为载体的占到了 80% 以上，同时它还是以视频为载体的信息隐藏技术的基础。

基于音频的信息隐藏是在数字化音频中人耳无法感知的部分嵌入秘密信息[23]的，通常是对部分音频数据（空域）或描述音频信号的参数（变换域）进行一定的修改或替换。音频信号在单位时间内的采样数据量相对图像比较少，加上人类听觉系统

(Human Auditory System，HAS)比人类视觉系统(Human Visual System，HVS)更为敏感[24]，因此以音频为载体的信息隐藏更加具有挑战性，目前这方面的文献较少。

　　文档类的信息隐藏技术依据文档类型分为软复制和硬复制两种，以软复制文档为载体时，大都通过对格式文本文件适当微调一些排版特征来隐藏信息，典型的方法有行移编码、字移编码和特征编码；硬复制文档则可以视为一类特殊类型的图像，只是这种图像中可供信息隐藏利用的冗余信息比较少。

　　视频的信息隐藏技术[25,26]为在数字化视频中嵌入秘密信息，视频序列是由一系列连续的、等时间间隔的静止图像组成的，因此视频的信息隐藏技术和数字图像的信息隐藏技术有很多相似之处，有些用于图像的隐藏算法甚至可以直接应用于视频信息隐藏中，但视频的信息隐藏也有很多自己独特的特点。

1.3　基于图像的信息隐藏基本算法

　　从嵌入域的角度看，常用的基于图像的信息隐藏算法可以分为空间域信息隐藏算法、变换域信息隐藏算法和修改调色板的信息隐藏算法等多种。

1.3.1　空间域信息隐藏算法

　　空间域信息隐藏算法通过改变载体图像某些像素的灰度值来隐藏信息，其典型代表为最低有效位(Least Significant Bit，LSB)算法。最早的一篇数字水印论文 *Electronic Watermark* 是 1993 年在数字图像计算、技术和应用(Digital Image Computing: Techniques and Applications，DICTA)会议上由 Tirkel 等发表的，文中嵌入信息的方法就是基于修改图像 LSB 的方法。

　　LSB 位平面替换嵌入公式可描述为

$$s_{i,j} = \begin{cases} v_{i,j} + w_{i,j}, & v_{i,j} \text{为偶数} \\ v_{i,j} - 1 + w_{i,j}, & v_{i,j} \text{为奇数} \end{cases} \tag{1-1}$$

式中，$v_{i,j}$ 为载体图像在坐标为 (i, j) 处的像素值，对于 8 级灰度图像 $v_{i,j}$ 的值域为 $\{0, 1, 2, \cdots, 255\}$；$w_{i,j}$ 为嵌入到坐标为 (i, j) 处的像素上的二进制数据，它的值域为 $\{0, 1\}$；$s_{i,j}$ 为载密图像在坐标为 (i, j) 处的像素值。

　　实际上，式(1-1)相当于在嵌入之前先将原始载体图像中需要嵌入信息的像素的 LSB 清零，然后用待隐藏的二值信息直接替换原有的 LSB 位平面。在实际应用中，LSB 信息隐藏基本算法嵌入信息的过程主要分为两步。

　　(1)在密钥的控制下按"某种规则"在载体图像中选择 $l(m)$ 个隐藏信息的像素点($l(m)$ 为待隐藏的信息的长度)。

(2) 把每个选中的像素点的 LSB 依次用待隐藏的信息替换，得到载密图像。

　　LSB 算法的提取很简单，只需要在密钥的控制下将嵌入有秘密信息的像素点的 LSB 提取出来，在载密图像没有受到攻击的情况下能准确提取所有嵌入的信息，而且这种提取是盲提取。

　　LSB 算法具有隐藏容量大、不可感知性好、算法简单和嵌入与提取均能做到较好的实时性的特点，这些优点是基于变换域的信息隐藏算法所无法比拟的，因此 LSB 算法仍然在信息隐藏中占有重要地位。LSB 算法的思想还可应用到其他信息隐藏算法中，大多数隐写算法中都可以找到 LSB 算法的影子，Internet 上常见的隐写软件中也大都使用 LSB 算法或 LSB 的衍生算法[27]。为了改善载密图像的质量并进一步提高隐藏信息的数据量，不少学者提出了基于 LSB 的改进算法，如 Yang 等[28]提出了基于像素值差异度的 LSB 算法，Lie 和 Chang[29]提出了根据人类视觉系统可修改多个 LSB 的算法，Wang 等[30]提出了一种基于优化的 LSB 替代技术，它利用灰度值的最优替换矩阵来减小由 LSB 替代引入的误差，孙文静等[31]提出了基于局部灰度特征的隐藏算法。

　　LSB 算法的主要不足在于鲁棒性较差，在进行数字图像处理和图像变换后，图像的低位非常容易改变，攻击者只需要通过简单地删除图像低位数据或者对数字图像进行压缩和插值等图像处理方法就可将 LSB 算法嵌入的隐藏信息滤除或破坏掉。因此 LSB 算法主要应用在隐秘通信和篡改认证等对鲁棒性要求不高，对信息量要求大的领域[32]，而无法适应像版权保护和数字指纹这一类需要强鲁棒性的应用。为满足鲁棒性要求，变换域的隐藏算法得到了广泛的研究。

1.3.2　变换域信息隐藏算法

　　变换域信息隐藏算法通过改变载体图像的变换域系数来嵌入秘密信息，而使用的变换域有离散傅里叶变换(Discrete Fourier Transform，DFT)域、离散余弦变换(Discrete Cosine Transform，DCT)域、离散小波变换(Discrete Wavelet Transform，DWT)域、阿达马变换(Hadamard Transform，HT)域、奇异值分解(Singular Value Decomposition，SVD)变换域[33]、Contourlet 变换域[34]和脊波变换域[35]等多种。其中 DCT 和 DWT 应用最多[36]，因为在 DCT 域下已有比较好的感知模型(如 Watson[37]提出的基于 DCT 的视觉模型)，并且 DCT 具有良好的能量压缩能力，常用于对信号和图像(包括静止图像和运动图像)进行有损数据压缩。联合图像专家组(Joint Photographic Experts Group，JPEG)、运动图像专家组(Motion Picture Experts Group，MPEG)、H.261/263 等压缩标准均使用 DCT，因此基于 DCT 的算法可以与 JPEG 压缩过程相结合，从而提高算法对抗 JPEG 压缩的鲁棒性。而 DWT 是一种信号的时间/尺度(时间/频率)分析方法，它具有多分辨率分析的特点，其良好的空频局部化特性，适用于图像识别领域，在 JPEG 2000 有损压缩下可保证图像中的重要信息不会被去除[38-40]，因而可在压缩域中直接嵌入信息。另外，小波变换的多分辨率分解与人眼视觉特性一致，从而方便选择适当的信息嵌入位置和嵌入强度，以增加嵌入水印的鲁棒性。

变换域信息隐藏算法中最为典型的是扩频(spread spectrum)信息隐藏算法和量化信息隐藏算法。扩频信息隐藏算法由 Cox 等[41]最早提出，其原理借用了扩频通信中扩频的思想，扩频信息隐藏算法也因此而得名。从 Cox 等将水印信息分布到多个频率系数上的扩频方式来看，变换域的水印算法都可看成是"扩频水印算法"。

基于变换域的扩频信息隐藏算法中隐藏信息的嵌入方式可以是加性的，也可以是加乘性的。在文献[41]所提出的变换域算法中，分别提出了基于加性的、乘性的和加乘性的三种嵌入信息的方式，其对应的嵌入表达式分别为

$$S=X+\alpha W \tag{1-2}$$
$$S=X(1+\alpha W) \tag{1-3}$$
$$S=X \cdot e^{\alpha W} \tag{1-4}$$

式中，X 表示原始载体 V 的变换域系数；W 表示待嵌入的编码信息；S 表示嵌入信息后的载体变换域系数；α 是加权系数，用于控制嵌入强度，α 的值需要根据嵌入信息的不可感知性和鲁棒性要求进行选择，α 越大则鲁棒性越好，但不可感知性变差，与之相反，α 越小则不可感知性越好，但鲁棒性变差。由于从变换域逆变换成空间域时会存在舍入误差，所以当 α 小到一定程度时，即使载密图像没有受到任何攻击，也不一定能准确提取所有嵌入的信息。

当采用加性或加乘性的嵌入方式时，提取信息需要原始图像的参与，即不能实现盲提取。为了实现盲提取，可以采用基于量化索引调制(Quantization Index Modulation，QIM)的嵌入方式[42-44]，其主要思想是利用嵌入的信息比特来调制量化区间。简单来说，就是在载体信号空间上有两组量化点，而含秘密信息的载密信号具体选择哪组量化点则由嵌入信息来决定。

设 X 为原始载体的变换域系数，W 表示待嵌入的编码信息，其值域为 $\{0, 1\}$，S 表示载密载体的变换域系数，Δ 为最小量化间隔，则文献[45]给出了一种用来嵌入信息的变换域系数的量化方法。

若 $w_i=0$ 且 $\mathrm{int}(x_i/\Delta)$ 为奇数，或者若 $w_i=1$ 且 $\mathrm{int}(x_i/\Delta)$ 为偶数，则

$$s_i=\mathrm{int}(x_i/\Delta)\times\Delta+\Delta \tag{1-5}$$

而在其他情况下

$$s_i=\mathrm{int}(x_i/\Delta)\times\Delta \tag{1-6}$$

由于变换域系数可以为负数(如 DCT 和 DWT 的系数、DFT 的相位参数)，用式(1-5)和式(1-6)进行量化时量化误差有可能超过 Δ，最大误差为 $3\Delta/2$，因此，

为减少量化误差，改善嵌入信息后图像的不可感知性，文献[46]提出了双极性参数抖动调制方法，其量化表达式为

(1) 若 $x_i \in (2l\Delta, 2l\Delta + \Delta)$ ，则

$$s_i = \begin{cases} 2l\Delta + \Delta, & w_i = 1 \\ 2l\Delta, & w_i = 0 \end{cases} \qquad (1\text{-}7)$$

(2) 若 $x_i \in (2l\Delta - \Delta, 2l\Delta)$ ，则

$$s_i = \begin{cases} 2l\Delta - \Delta, & w_i = 1 \\ 2l\Delta, & w_i = 0 \end{cases} \qquad (1\text{-}8)$$

式中，l 为任意整数。采用式 (1-7) 和式 (1-8) 进行量化时，其最大量化误差为 Δ ，优于用式 (1-5) 和式 (1-6) 进行量化的结果。

用 QIM 嵌入方式嵌入的信息在提取时不需要原始载体信号，只要使用最小距离译码准则就可以很方便地提取出隐藏信息，因此 QIM 算法是全盲信息隐藏算法。为实现嵌入信息的不可感知性和鲁棒性的平衡，需要选择适当的量化参数 Δ ，Δ 越大则嵌入强度越大，鲁棒性越好，但不可感知性变差，与之相反，Δ 越小则不可感知性越好，但鲁棒性变差。同基于扩频嵌入方式一样，从变换域逆变换成空间域时会存在舍入误差，当 Δ 小到一定程度时，即使载密图像没有受到任何攻击，也不一定能准确提取所有嵌入的信息。

相对基于扩频嵌入方式而言，QIM 嵌入方式的隐藏信息量相对较大，并且是全盲信息隐藏算法，使得它比较适合于隐秘通信和其他需要隐藏大量信息的应用。

基于扩频和量化的两种变换域信息隐藏算法嵌入信息的过程，均可以分为如下四步。

(1) 对载体图像 V 进行变换 (如 DCT)，得到变换域系数 X 。

(2) 选择一种嵌入方式，并根据嵌入信息的鲁棒性要求和不可感知性要求，选择用来嵌入信息的部分变换域系数，确定用来控制嵌入强度的加权系数或量化参数。

(3) 修改部分变换域系数，得到嵌入有隐藏信息的变换域系数 S 。

(4) 对 S 进行逆变换得到嵌入隐藏信息的载密图像 V' 。

隐藏信息的提取基本就是嵌入信息的逆过程。但不同于空间域信息隐藏算法，由于基于变换域信息隐藏算法将嵌入有隐藏信息的变换域系数 S 逆变换成载密图像时会存在舍入误差，当嵌入强度过低时，即使载密图像没有受到任何攻击，也不一定能够准确地提取所有嵌入的信息，而嵌入强度过高时又会影响其不可感知性，所以在基于变换域的算法中，用来嵌入信息的变换域系数的选取和控制嵌入强度的选择非常重要。

相对于空间域信息隐藏算法，变换域算法需要通过某种变换将图像从空间域转换到频率域，所以计算复杂度相对较高，另外多数变换域算法的嵌入容量远低

于空间域算法，但是变换域算法具有以下明显的优点。

(1)许多典型的图像变换运算可以看成是某种形式的低通滤波，频率域可以提供一种直接的办法来避免将信息嵌入到图像的高频部分，以抵抗压缩编码和低通滤波的影响，从而具有更好的鲁棒性。

(2)在频率域中可将嵌入的信息分散到图像的多个像素点中，可抵抗如剪切等几何攻击，也有利于保证嵌入信息的不可感知性。

(3)频率域的能量分布集中，容易与人类视觉系统模型相结合来决定嵌入信息的强度。

(4)可与国际数据压缩标准兼容，从而可以实现压缩域内的编码。

以上这些优点，使变换域信息隐藏算法常用于鲁棒水印算法。

1.3.3 其他隐藏算法

调色板图像在网页、广告中普遍应用，是优良的隐秘载体。调色板图像有两个特性，一是调色板数据的任意排列不影响图像的显示，二是轻微修改部分调色板的数值，图像显示几乎没有变化。这为调色板图像信息隐藏提供了思路，也为信息隐藏的攻击指明了方向。基于调色板图像的信息隐藏算法可以归类为三种：改动调色板、改动索引值与同时改动调色板和索引值。

(1)改动调色板的方法是利用调色板数据的任意排列不影响图像显示的特点，将调色板颜色重新排列，用颜色顺序的不同组合隐藏信息。隐藏信息后的图像数据没有被改变，只有调色板中颜色的顺序被改变，因此图像的显示效果不发生任何改变。但这种算法的隐藏容量受到调色板大小的限制，如果调色板颜色种类为 N，由于其排列顺序只有 $N!$ 种，那么可以嵌入的信息最多为 $\lfloor \log_2(N!) \rfloor$ bit，例如，调色板中最多有 256 种颜色的 GIF(Graphics Interchange Format)图像，则无论图像文件大小，其最大隐藏容量仅为 $\log_2(256!) \approx 1684$ bit 的数据，因此该方法的实用性不强。

(2)改动索引值的方法通过将某些像素点的颜色替换成相近的颜色来实现信息隐藏，一种常用的方式是先将图像进行分块，然后根据需要隐藏的信息和该块的索引值的特征，修改该块内某个像素的索引值，修改的原则是新的索引值所对应的颜色与原索引值所对应的颜色尽可能一致。由于调色板中相邻位置对应的颜色不一定具有颜色相似性，即索引值最接近时对应的颜色不一定最接近，甚至有非常明显的差别，所以简单的替换 LSB 的方法在这里是不可行的，解决的办法是根据某种距离准则，先对调色板进行排序，建立排序表，再使用距离表进行 LSB 替换。尽管如此，但是对于某些调色板图像中的某种颜色可能不存在比较相近的颜色，因此单纯使用改动索引值的方法有时会存在明显的修改痕迹。

(3)同时改动调色板和索引值的方法原理为：首先通过抖动算法提取调色板的基色，然后将基色轻微修改后扩展到整个调色板，再根据索引值与信息比特对比。

若索引值代表的信息与信息比特相同，则不进行替换操作，否则将索引值替换为其他的索引值，这种方法也称为抖动调制方法。但这种方法降低了图像的质量，用通用的图像软件很容易发现调色板的异常，因而这类算法的安全性较差。针对这种方法引起的图像降质问题，Liu 等[47]提出一种基于调色板图像的大容量无失真数据隐藏算法，该算法能保证在嵌入过程中不引入失真，同时还有较高的嵌入容量。

目前多数基于修改索引值或同时改动调色板和索引值的算法的主要优点是有较高的隐藏容量，存在的主要缺点是针对调色板图像的操作鲁棒性较差，主要表现在如下几个方面。

(1)无法抵抗调色板图像的"全选"、"复制"、"粘贴"到原图的正常操作。

(2)无法抵抗对调色板的重新排序。

(3)对调色板颜色值的轻微修改，就可能使得原来隐藏的信息无法提取。

(4)如果将嵌入隐藏信息的调色板图像(GIF 和索引 BMP(bitmap))格式转换到真彩图像，再转换为调色板图像，则隐藏信息将会被破坏。

1.4　信息隐藏的典型应用

信息隐藏的应用领域有隐秘通信、匿名、版权标志、证件防伪等军事上和民用上的多个方面，Fabien 等对其进行了很好的分类[48]，如图 1-2 所示。在信息隐藏技术这些应用领域中，目前的应用主要集中在隐秘通信和数字水印两个方面。

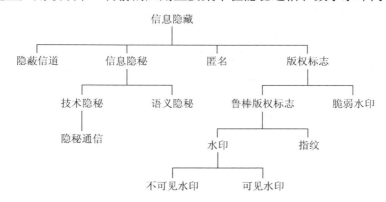

图 1-2　信息隐藏的典型应用

1.　隐秘通信

隐秘通信主要用于信息的安全通信，它要保护的是嵌入到载体中的数据。隐秘通信通常与密码技术相结合，即把信息先加密再隐藏，即形成"加密+隐藏"的安全通信模式，使加密后秘密信息在公开信道上传输而不会引起攻击者的注意，较之单纯的密码加密方法更多了一层保护，可进一步提高信息的安全性。

隐秘通信开始主要集中在军事应用上，现代战争中，即使通信内容已经被加密，敌人也会从发现的一个信号发起攻击，因此各个国家都采用了信息隐藏技术进行隐秘通信、间谍活动。恐怖分子也利用信息隐藏技术，早在 2001 年 9 月美国 HINDU 新闻组就报道了恐怖分子头目"拉登"可能通过隐写图片向其同僚传递重要的信息、散布消息、筹集资金、组织恐怖袭击等[49]，并成功地逃过了美国通信监管部门的监控。随着网络技术的飞速发展和全球经济一体化的趋势，一些商业、金融的信息保密程度已经和军事机密处于相同的安全等级，因此现在隐秘通信除了可以用于军事用途，还开始用于个人与商业机密信息的保护、电子商务中的数据传送、网络金融交易重要信息的传递和个人的电子邮件业务保护等。目前多数信息隐藏算法的信息嵌入量提高起来比较困难，所以隐秘通信的进展还不尽如人意。

2. 数字水印

尽管信息隐藏技术起源于保密通信，但近几年来，由于互联网市场的迫切需求、网络技术的飞速发展、电子商务的推广和大量商用多媒体业务的涌现，使得各种多媒体数据版权保护技术的开发显得更为重要，为此许多学者提出了一系列新的基于信息隐藏的保护措施，它通过将版权等信息以数字水印的方式嵌入图像、音频、视频或文本文件等各种数字媒体中，以达到标志、注释和版权保护等目的。数字多媒体水印技术及其应用已成为信息隐藏技术研究的重点之一，与隐秘通信为了保护隐藏在载体中的信息不同，数字水印所要保护的是载体本身，在性能要求上一般更加强调算法的鲁棒性。目前数字水印技术的应用主要包括以下几个方面。

1)版权保护

目前版权保护是水印最主要的应用，也是数字水印技术研究的主要推动力。其目的是嵌入数据的来源信息和比较有代表性的版权所有者的信息，从而防止其他团体对该数据宣称拥有版权。在这种应用中，可以标志作品的作者、所有者、发行者、使用者、出品时间，以及一些和版权有关的信息，并按照一定的算法以不可感知的方式嵌入到多媒体中，然后公开发布带有水印的作品。水印可以由一个密钥来产生，且往往只由版权所有者知道。当该作品被盗版或出现版权纠纷时，版权所有者能够从盗版作品或带有水印的作品中获取水印信息来证明数字作品的版权归属，从而保护作品所有者的合法权益。

在大多数情况下，版权保护要求的信息嵌入量不必太大，不过应对常见的数据处理和攻击有很高的鲁棒性，且嵌入的水印数据不能被轻易地去除。

2) 盗版追踪

这种应用主要是用来跟踪创作者或购买者的多媒体的某种备份。数字作品版权所有者在每个发行的复制品中嵌入不同的水印作为每一复制品的一个唯一标识，如不同用户的 ID 等，通常称为数字指纹。同人类的指纹可以唯一地确定一个人一样，数字指纹也可以唯一地确定一份复制品。版权所有者在将作品分发给用户时，同时保存售出复制品中指纹与对应用户身份的数据库。当在市场上有未经授权的复制品出现时，发行者可以通过将该产品中提取出的指纹与数据库中的指纹进行匹配来确定其原始购买者，从而能确定是谁提供了盗版的作品来源。

用于盗版追踪的数字指纹需要具有很高的鲁棒性，在某些数字指纹应用上，还要求指纹易于提取，且有很低的计算复杂度，例如，对于 WWW 应用，在用特定的网络搜索器寻找嵌入指纹的盗版图像时，指纹的提取必须要简单、快捷。

3) 防止非法复制

要有效地保护版权，除了盗版追踪，还应该采用有效的技术手段防止非授权者对数字产品的非法复制。其中一种方法就是在数字产品中嵌入反映某种复制控制和访问控制限制状态的水印。水印检测器通常集成在一个复制系统中，检测时通过指使某种硬件或软件产生动作(如使复制模式有效或无效)来得到实施，这种应用的一个典型的例子是数字影碟(Digital Video Disk，DVD)防复制系统。防止非法复制的水印通常需要对删除攻击具有一定的鲁棒性，同时应当具有盲检测能力。

4) 篡改检测

由于数字作品本身具有容易修改而又不会留下痕迹的特点，所以现有的一些软件对数字作品进行处理时可以做到"天衣无缝"，在这种情况下，人的感觉器官是无法分辨的。当此数据用于法庭、医学、新闻和商业时，常需要确定作品的真实性，即确定它们的内容是否被修改、伪造或特殊处理过。作品真伪的鉴别问题在密码学中已有比较成熟的研究，如数字签名就是最常应用的一种方法。但数字签名有三点不足：①签名数据必须与所要验证的作品一同传送，一旦签名遗失，作品便无法进行真伪鉴别；②作品不能有任何 1 bit 的更改，哪怕这种更改对作品的使用无任何影响(如不产生明显感知的有损压缩)；③当作品出现更改时不能确定作品被更改的具体位置。为了解决数字签名的不足，可以利用脆弱数字水印或半脆弱水印[50]技术。在这些应用中，一些与数字作品内容相关的信息被预先嵌入多媒体中，之后可以通过分析嵌入数字作品中的水印与作品的关系，确定作品是否被改动过，并可以确定更改的位置，甚至可以对更改的内容进行大致的恢复[51]。

用于篡改检测的隐藏算法必须为盲提取算法，这是因为在需要确定作品的真实性时，其前提就是没有真实的原始作品，否则就没有鉴别的必要。

5）广告播出的自动计数和监控

在某些应用中，需要知道某些公司或个人是否按照协议进行了某种行为。例如，广告客户希望能够监控电视节目或广播电台是否按照协议在协议约定的广告时段进行广告信息内容的发布。为了实现广播监控，广告客户可雇佣监控人员对电视节目或广播电台所播出的内容直接进行监视和监听，但这种方法不但花费昂贵而且容易出错。利用数字水印技术实现广告播出监控，可以有效地解决上面的问题，首先在需要播出的广告中嵌入水印信息，然后通过从播出的内容中是否可提取到相应的水印信息，就可以确定广告商是否履行了协议。这种水印的应用还可以推广到各种涉及信息转载的应用领域，如可以用来监控一些电视节目或电台节目在别的地方是否受到了非法使用等。

应用于广播监控的水印应当具有盲检测能力，对数-模转换（Digital/Analog conversion，D/A）和模-数转换（Analog/Digital conversion，A/D）转换是鲁棒的，并且相对于前面的应用还有实时性和同步检测等新的要求。

3.　隐秘通信与数字水印的异同

隐秘通信将秘密信息嵌入载体中是为了不被第三方怀疑，因此保护的对象是隐藏在载体中的秘密信息，而数字水印则是将与载体本身有关的一些信息嵌入数字作品中，主要用于保护载体本身的某些属性，这是数字水印和隐秘通信的本质区别。具体来说，对用于版权保护的水印，保护的是载体的所有权；对用于内容认证的水印，保护的则是载体的完整性；对于用于防复制或播放控制的水印系统，水印又是用来保护载体的授权操作性。

在嵌入算法上，数字水印和隐秘通信的差异不大，有些算法稍作改动，便可以通用，但是算法设计的着眼点不同。虽然水印和隐秘通信都包含容量、鲁棒性、不可感知性和安全性的要求，然而对于隐秘通信，主要关注的是通信容量和信息的不可感知性，在不考虑干扰的情况下，通常对其嵌入信息的鲁棒性要求不高。而对于数字水印，则更加关注嵌入信息的鲁棒性或者脆弱性（对用于数字指纹和版权保护的水印，强调水印抗各类攻击的不可去除性；对用于内容认证的水印，强调的是对各类型攻击的脆弱性）。

1.5　基于图像的信息隐藏容量研究现状

隐藏容量是信息隐藏系统的关键性指标之一，在隐秘通信、篡改认证等多数应用场合都要求隐藏系统有足够的嵌入容量，只有少数版权水印对隐藏容量要求较低，因此信息隐藏系统的容量研究将是非常重要的。关于隐蔽信道容量的研究可分为三种方法：基于传统的信道容量计算方法[52-58]、基于空间域的信道容量计算方法[60, 61]和基于图像压缩的信道容量计算方法[62-64]。

1.5.1 基于传统的信道容量计算方法

基于传统信道容量的计算方法是目前研究信息隐藏容量最多的方法，在这些方法中将信息隐藏看成一个通信过程，但也考虑了与一般通信过程的不同，主要体现在：①一般信道中码率与信号强度之间无制约关系，而信息隐藏信道存在不可感知性指标的约束；②噪声来源上，一般信道只有信道噪声，而信息隐藏信道有载体和攻击两个。采用信息论研究方法的步骤为先建立信息隐藏的理论模型；然后针对具体模型得出不同的容量表达式，即在一定约束条件下的平均互信息量最大值，而各种研究模型的差异主要表现在约束条件的构造方面。

Costa 模型[52]考虑了有噪声环境下的信道，由发送端传送信息 X，在接收端接收到的信息 Y 可表示为

$$Y=X+S+Z \tag{1-9}$$

嵌入者知道载体信息 S，但解码者知道或不知道 S，噪声 Z 则二者都不知道。在 S 和 Z 分别服从高斯分布 $N(0, QI)$，$N(0, NI)$(其中 I 为 n 阶单位矩阵)，且 $\frac{1}{n}\sum_{i=1}^{n}x_i^2 \leqslant P$ 的条件下，该信道的容量 C 可以表示为

$$C=\frac{1}{2}\log_{10}\left(1+\frac{P}{N}\right) \tag{1-10}$$

文献[53]扩展了这个结果，他们认为，如果 Z 是各态遍历和高斯分布，而 S 是任意各态遍历的分布时，那么信道模型具有私公对等(Private Public Equivalence，PPE)性质，即在解码端知道或者不知道载体信息 S 时，信道容量是一样的，即载体信息对信道的容量没有影响。这给信息隐藏系统的设计者指出：在信息隐藏系统的设计中利用边信息将极大地去除来自载体的干扰。

在 Moulin 和 Sullivan[54]建立的信息隐藏模型(简称 Moulin 模型)中，消息 W、载体 S 和密钥 K 构成编码器 f 的输入，编码器输出信息隐藏后的合成数据 X，X 经过攻击信道 $A(Y|X)$后，得到攻击后的数据 Y，解码器通过 Y 和 K 提取出信息。若解码者知道载体 S 的信息则称为私有模式，反之则称为公开模式。Moulin 在其构造的隐藏模型中引入了失真限度，无论信息嵌入还是攻击信道，其结果都要满足不可感知性要求。隐藏容量反映了可靠传输的上限速率，它取决于三方面因素的折中，即可行的信息隐藏率、信息隐藏者和攻击者双方允许信息失真的程度。因此隐藏容量可以看成是隐藏者和攻击者之间的互信息游戏值，而互信息游戏值是可能的可靠传输率。在所有可能的隐蔽信道中，隐藏者选择使游戏值最大的隐藏方法，攻击者则优化无记忆攻击信道，使游戏值最小化，通过对隐蔽信道和攻击信道空间寻找互信息值变化的鞍点，从而确定在隐藏约束和攻击约束下的信息隐藏

容量。为了寻找鞍点，Moulin 和 Sullivan 使用凸函数和凸集分析互信息游戏值的性质，证明了在其假设条件下极值的存在性。他们针对若干种具体隐藏技术给出了隐藏容量的解析表达式，取得了一些有用结果，如在隐秘载体为高斯分布条件下的隐藏容量的解析式为

$$C = \frac{1}{n} \max_{Q(X,U|S,K)} \min_{A(Y|X)} (I(U;Y|K) - I(U;S|K)) \tag{1-11}$$

式中，$I(\cdot)$ 为互信息量函数，$A(Y|X)$ 为攻击信道，$Q(X,U|S,K)$ 为满足指定约束条件的概率密度函数。Moulin 和 Sullivan 指出式 (1-11) 同时也是非高斯分布宿主数据集合的信息隐藏上限容量，而且目前见诸文献中的信息隐藏方案远在其隐藏容量之下。不足的是其对策模型中没有考虑感知不连续性特征，因此如何用其解决实际问题还有待探讨。

Cohen 和 Lapidoth[53]建立的信息隐藏模型(简称 Cohen 模型)与 Moulin 模型有些相似，也是消息 W、载体 S 和密钥 K 构成编码器的输入，编码器输出信息隐藏后的合成数据 X，X 经过攻击信道后，得到攻击后的数据 Y，解码器通过 Y 和 K 提取出信息，它与 Moulin 模型不同的是假定解码者并不知道攻击信道的信息。在 Cohen 模型中假设一旦水印系统被使用，它的详细情况就公之于众，包括编码映射、载体分布和解码映射，攻击者可以根据这些情况设计最佳攻击。

Cohen 得到的主要结论是：若载体 S 是各态遍历的，则其概率分布为 $\{P_S\}$，载体 S 的各分量 $s_i(i = 1, 2, \cdots, n)$ 满足条件 $E(s_i^4) < \infty, E(s_i^2) < \sigma_S^2$，则

$$C_{\text{pub}}(D_1, D_2, \{P_S\}) \leqslant C_{\text{priv}}(D_1, D_2, \{P_S\}) \leqslant C^*(D_1, D_2, \sigma_S^2) \tag{1-12}$$

式中，$C^*(D_1, D_2, \sigma_S^2)$ 表示载体为独立同分布零均值方差为 σ_S^2 的高斯序列时编码容量值，当载体 S 服从高斯分布时，式 (1-12) 中的等号成立，即高斯分布的掩饰文本在均方误差约束下公开水印和私有水印的隐藏容量是一样的。

Somekh-Baruch 和 Merhav[55,56]对 Moulin 模型进行扩展，建立 Somekh-Baruch 模型。他们假设解码者知道攻击信道的信息，且攻击信道是无记忆的。因此编码者和解码者在设计编码和解码方案时，不用考虑攻击信道。该模型中引用的信息嵌入和攻击信道的失真约束是 D_1，D_2，对于任意载体 S，信息隐藏编码失真和攻击失真的约束为

$$P_r\{d_1(S, X) > nD_1 \mid S\} = 0 \tag{1-13}$$

$$P_r\{d_2(S, X) > nD_2 \mid S\} = 0 \tag{1-14}$$

Somekh-Baruch 等得出的结论是：已知 v_i 是在一个有限字符集 $|\chi|$ 上的随机变量，$V = (v_1, v_2, \cdots, v_n)$，载体 S 的概率分布是 P_S，则公开模式的信息隐藏容量为

$$C_{\text{pub}} = \frac{1}{n} \max \min (I(V;Y) - I(V;S)) \tag{1-15}$$

比较式(1-11)和式(1-15)可知，Somekh-Baruch 模型和 Moulin 模型在假设条件不同的情况下，得到的隐藏容量表达式却是一致的。

在信息隐藏系统的应用中，有时只需要检测隐藏信息是否存在，例如，版权数字水印就只需要检测是否存在水印，并不一定要求水印的每个比特100%正确，此时的信息隐藏容量为提取满足一定正确提取率时码率的最大值，文献[57]研究了有边信息的水印识别容量。他们认为，水印嵌入引起的平均失真不超过 D，正确识别的概率要求大于 $1-\lambda_1$，错误识别的概率小于 λ_2，水印系统的识别容量记为

$$C_{\mathrm{ID}}^{\mathrm{TR}}(D\,|\,V)=\lim_{\lambda_1,\lambda_2\to 0}C_{\mathrm{ID}}^{\mathrm{TR}}(\lambda_1,\lambda_2,D\,|\,V) \tag{1-16}$$

式中，D 表示水印嵌入的失真约束，V 表示边信息，TR 表示边信息在发送端和接收端都可以得到，ID 表示该容量是识别容量。式(1-16)中的识别容量没有考虑攻击信道，重点只研究了正确识别概率趋向于 1、错误识别概率趋向于 0 的情况下系统具备的信道容量。

在前面的分析信息隐藏容量的方法中，数据所面临的攻击和改动(信号处理)一般作为加性噪声处理。分析者为了分析简便往往假设接收者完全了解信道的特性和攻击类型，然而实际情况却是接收者往往并不完全了解信道的特性和攻击类型，同时信道中传输的数据所面临的攻击或改动也并不总是加性的(如针对图像的旋转和缩放等)。

文献[58]提出了一种未知信道中的信息隐藏容量计算方法，假定攻击者的攻击策略是随时间变化的，而时变的攻击意味着接收者无法完全掌握信道的特性，接收者所面对的是一个未知的信道。在文献[58]中信道被描述为一个基于乘性的信道模型，同时附加了一个加性模块，如图1-3所示。

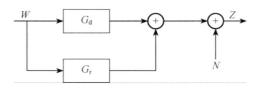

图 1-3　未知信道中的信息隐藏

图 1-3 中随机变量 W 为秘密信息，G_{d} 和 G_{r} 分别代表时变攻击信道可变因素的确定分量和随机分量，N 为加性噪声，$G, W, N\in\mathbf{R}$，且互为独立。接收者得到的隐藏有秘密信息的信号为

$$Z=G_{\mathrm{d}}W+G_{\mathrm{r}}W+N \tag{1-17}$$

攻击者的时变特性可以表示为

$$\sigma_G^2=\mathrm{Variance}(G_{\mathrm{r}})>0 \tag{1-18}$$

式(1-18)表明对于攻击的特性估计总是不准确的，这也使得接收者在估计随机增益 G 时会产生一定的误差，从而无法完全消除攻击所产生的影响。为便于分析未知信道的容量，文献[58]还对信道特性做出以下假设

$$\begin{cases} E(W^2) \leqslant \sigma_W^2 \\ N \sim \text{Gaussian}(0, \sigma_N^2) \\ E(G) = G_d \\ E(G_r) = 0 \\ E(G_r^2) = \sigma_G^2 \end{cases} \tag{1-19}$$

则信息隐藏容量可以表示为

$$C = \sup_{f_W(w):E(W^2)<\sigma_W^2} I(Z;W) \tag{1-20}$$

式中，$f(\cdot)$ 代表概率密度函数，$I(Z;W)$ 为 Z 与 W 的互信息。

在实际应用中经常无法得到 G_r 的概率分布、攻击者的攻击方式和信号处理的类型，这将导致式(1-20)可能无法计算。为了解决这样的问题，文献[58]利用 Gallanger[59]的某些结论，算出了式(1-20)的信息隐藏容量上界为

$$C = \sup_{f_W(w):E(W^2)<\sigma_W^2} I(Z;W) < \frac{1}{2}\ln\left(1 + \frac{G_d^2\sigma_W^2 + \sigma_G^2\sigma_W^2}{\sigma_N^2}\right) \tag{1-21}$$

容量下界为

$$I(Z;W) > \frac{1}{2}\ln\left(1 + \frac{G_d^2\sigma_W^2}{\sigma_N^2 + \sigma_G^2\sigma_W^2}\right) \tag{1-22}$$

由式(1-22)可知，在信噪比 σ_W^2/σ_N^2 为无穷大时，信道可隐藏的最小数据量为

$$\lim_{\sigma_W^2/\sigma_G^2 \to \infty} \frac{1}{2}\ln\left(1 + \frac{G_d^2\sigma_W^2}{\sigma_N^2 + \sigma_G^2\sigma_W^2}\right) = \frac{1}{2}\ln\left(1 + \frac{G_d^2}{\sigma_G^2}\right) \tag{1-23}$$

1.5.2 基于空间域的信道容量计算方法

基于传统的信道容量计算方法一般假设攻击者具有强大的能力，攻击方法一般都假设为无记忆条件转移的概率分布。隐藏容量是攻击信道的泛函，是攻击信道变化域上的最低值。没有攻击的隐藏容量是嵌入信道的泛函，是嵌入信道变化域上的最高值。在实际情况中，人们往往无法根据特定载体寻找最佳嵌入方法，因为这些模型对实际信息隐藏系统进行了一些简化。在实际应用中隐藏者和解码者可能不知道攻击信道的详情，另外最佳攻击信道的存在性也导致实际隐藏容量的波动，因此在此基础上求出的容量也就不完全符合实际情况。为求出真正能与实际算法相符合的隐藏容量，有学者提出了基于空间域的容量计算方法。

文献[60]根据图像的局部亮度特性与图像的水平和垂直方向的纹理特征来计算每个像素的隐藏容量，设

$$\text{Max}(x,y)=\max(f(x{-}1,y{-}1),f(x{-}1,y),f(x,y{-}1),f(x{-}1,y{+}1)) \qquad (1\text{-}24)$$

$$\text{Min}(x,y)=\min(f(x{-}1,y{-}1),f(x{-}1,y),f(x,y{-}1),f(x{-}1,y{+}1)) \qquad (1\text{-}25)$$

$$D(x,y)=\text{Max}(x,y)-\text{Min}(x,y) \qquad (1\text{-}26)$$

则除了边界像素点，根据左邻域和上位域的掩蔽特性，像素点(x,y)的嵌入容量为

$$K_n(x,y)=\lfloor \log_2 D(x,y) \rfloor \qquad (1\text{-}27)$$

根据像素点的亮度特性，每个像素点的嵌入容量上限为

$$U(x,y)=\begin{cases} 4, & f(x,y)<t \\ 5, & \text{其他} \end{cases} \qquad (1\text{-}28)$$

式中，t 的值设置为 191，最后综合决定像素点(x,y)的嵌入容量为

$$K(x,y)=\min(\max(K_n(x,y),4),U(x,y)) \qquad (1\text{-}29)$$

用式(1-29)计算隐藏容量时，计算简单且很直观，但该算法仅考虑了图像的水平和垂直方向的纹理特征，并且实验表明，按这方法计算的容量，进行信息隐藏后，获得的含密图像在图像的边缘处有明显的人工痕迹，达不到隐秘通信的目的。为此柏森等[61]结合小波变换和人类视觉特性，提出了一种容量极大化的计算方法。该方法首先定义像素点(x,y)的局部方向掩蔽特性为

$$\omega_A^\theta=\frac{1}{2}\Theta(1,\theta)\Lambda(1,i,j)\Xi(1,i,j)^{0.2} \qquad (1\text{-}30)$$

式中，$\Theta(1,\theta)$、$\Lambda(1,i,j)$ 和 $\Xi(1,i,j)$ 的计算方法按文献[65]的公式进行，其中 $\theta=1,2,3$ 分别表示水平、垂直和对角线方向的掩蔽特性，定义

$$\omega_A(i,j)=\max(\omega_A^1(i,j),\omega_A^2(i,j),\omega_A^3(i,j)) \qquad (1\text{-}31)$$

称为像素点(x,y)的局部掩蔽特性，则像素点(x,y)的嵌入容量为

$$C_A(i,j,\beta)=\lfloor \log_\beta \omega_A(i,j) \rfloor \qquad (1\text{-}32)$$

式中，β 为可调控的参数，一般取 $2<\beta\le \text{e}$，其中，e=2.71828… 。大小为 $N{\times}M$ 的图像每像素的平均嵌入容量为

$$\text{average}(A)=\frac{\sum_{i=1}^{N}\sum_{j=1}^{M}C_A(i,j,\beta)}{N\times M} \qquad (1\text{-}33)$$

综上所述，隐藏信息容量的研究涉及嵌入与攻击对载体的感知失真度量问题，不同的失真度约束会导致不同的嵌入容量结果。以上研究中很少涉及如何衡量嵌入与攻击对载体的感知失真的度量方法，而目前在如何评价信息隐藏的不可感知性方面，也缺乏系统性的理论基础和公平统一的性能测试与评价体系，因此如何评价隐藏信息的不可感知性问题有待进一步研究。针对隐藏信息容量的问题，研究者虽然研究了信息隐藏的最大可嵌入容量问题，但都未给出具体的实现算法，现有的多数算法主要侧重嵌入信息的鲁棒性，而较少考虑嵌入容量问题。事实上，目前多数算法的信息隐藏容量还比较小，无法满足隐秘通信的容量要求。那么如

何提高隐藏算法的嵌入容量，即大容量的信息隐藏算法还有待进一步研究，这也是本书研究的重点内容之一。

1.6 本书主要研究内容

1) 信息隐藏不可感知性研究

不可感知性是衡量信息隐藏算法优劣的主要指标之一，在设计信息隐藏系统时，往往需要在不可感知性和隐藏容量或(和)鲁棒性之间进行折中。如果这一指标达不到要求，则失去了"隐藏"这一根本性的特性；如果这一指标提得太高，则往往会严重制约隐藏容量或(和)鲁棒性。本书的第 2 章介绍了一些常用的视觉不可感知性评价方法，并讨论了它们的不足之处。根据人眼视觉特性提出一种衡量信息隐藏算法不可感知性指标视觉失真感知函数(Vision Distortion Sensitivity Function，VDSF)，实验证明视觉失真感知函数能克服峰值信噪比(Peak Signal to Noise Ratio，PSNR)等指标的一些不足之处，与人的视觉感知质量主观评价保持一致性方面明显优于峰值信噪比等传统方法，能更好地衡量隐藏信息的不可感知性。

2) 数字图像信息的预处理问题研究

本书的第 3 章概述了隐秘信息预处理的要求，给出了传统的数据加密方法因复杂度高不适合有大量冗余信息的图像、音频和视频等多媒体数据进行预处理的观点，指出了混沌加密在信息隐藏中提高隐秘数据的不可感知性、安全性、抗剪切攻击性和隐蔽信道容量等方面的作用。针对目前用于信息隐藏预处理的混沌序列加密和混沌置乱两类方法，探讨了用它们直接进行隐秘数据预处理存在的安全问题，给出了产生混沌序列和图像置乱的新算法，其安全性有很大提高。提出的基于 Logistic 混沌映射的混沌序列产生算法所产生的序列不再出现 Logistic 混沌映射所存在的空白窗口和稳定窗等安全问题，并且密钥空间有大幅度增加；提出的基于 Arnold 变换的混沌置乱算法，不再出现 Arnold 变换周期性现象，且能有效抵御选择明文的攻击。

3) 基于图像的大容量信息隐藏算法的研究

第 4 章分析了图像在空间域的位平面分布特性，提出了基于空间域的大容量算法。利用人类视觉系统的亮度掩蔽效应，提出了一种基于彩色图像空间域的自适应信息隐藏算法。算法根据像素点的每个颜色分量判断信息的隐藏位置，在满足不可感知性的前提下，能最大限度地利用可利用的隐藏空间；在信息提取时不需要原始图像和其他辅助信息，是一种完全意义下的盲提取。针对目前多数空间域隐藏算法的隐藏容量大但安全性差的特点，提出了一种具有鲁棒性且较安全的空间信息隐藏算法。算法中采用混沌映射确定待隐藏信息的每一比特嵌入到载体图像的像素点位置和位平面，并采用自适应和最小像素改变策略，使嵌入大容量信息时，载密图像没有明显的降质，其最大嵌入比特数与载体像素数之比可达 4/5，与 LSB 算法相当，但安全性和鲁棒性有显著提高。

第 5 章分析了离散余弦变换(DCT)系数的分布特性，提出了基于 DCT 域的大容量算法。通过对载体图像进行频谱均匀化处理，获得更多的可用于隐藏信息的 DCT 系数，从而提高算法的可嵌入容量。根据 JPEG 压缩不变性，提出在高频系数中嵌入信息的隐藏算法，该算法对不超过预设品质因子的有损压缩有强鲁棒性，对噪声干扰也有一定鲁棒性。由于是在高频系数上嵌入信息，所以嵌入的信息有较好的不可感知性，能在满足不可感知性的约束条件下，提高算法的嵌入容量。

第 6 章分析了二值图像的特点，提出了针对二值图像的大容量算法。在分块算法的基础上提出了一种能在二值图像中隐藏大量秘密信息的算法，该算法先将二值图像分割成大小为 2×2 的图像子块，再根据每个子块中黑白像素个数的不同，自适应地确定可嵌入隐藏信息的比特数。对于在黑白像素交界的子块中，每个子块至少能隐藏 2 bit 信息。在提取隐藏信息时，根据每个块"0"和"1"的比特数来确定该子块中是否嵌入隐藏信息，以及该子块中隐秘信息的比特数和位置，因此可实现嵌入信息的盲提取。在信息嵌入时，嵌入位置是通过密钥控制的，因此可以将信息隐藏算法公开，符合 Kerckhoffs 加密原则。

第 7 章针对半色调这种特殊的二值图像，利用半色调处理技术提出了一种能在半色调图像中嵌入与载体图像同样大小的水印图像的隐藏算法，信息的嵌入过程与半色调处理过程同步进行。在提取过程中，只要将标准半色调图像直接叠加到含水印图像上，就能看到水印图像。本算法可应用于所有基于半色调技术的图片的认证和防伪。

第 8 章利用人类视觉特性，提出了一种基于游程长度的隐藏算法。通过先将灰度图像或彩色图像分解成多幅二值图像，再对每幅二值图像的每一对黑白游程进行判断和嵌入信息，嵌入信息后不会改变图像游程长度的统计特性，可应用于隐秘通信等对隐藏容量和安全性有较高要求的场合。

4) 图像篡改认证的研究

利用空间域信息隐藏算法嵌入容量大，同时又可对指定单个像素点进行处理的特点，在第 4 章提出了一种用于图像内容像素级篡改认证的脆弱水印算法。该算法不仅能准确地识别图像被篡改的像素点，还能容忍图像传输过程中出现的个别认证信息位的传输错误，即不会将认证信息位出现传输错误的像素点错误判定为被篡改。

第 2 章　信息隐藏不可感知性评价方法

信息隐藏是将重要信息嵌入其他媒体(载体)中,在基本不改变载体的外部特征和使用价值的情况下,使我们的感觉器官感觉不到载体外部的变化,从而实现重要信息的隐秘传递。因此,在保证不可感知的前提下提高隐藏信息的容量,必须利用人类的知觉特性,对于图像来说就是利用人眼视觉特性。一般情况下,对于相同的隐藏算法,图像嵌入的信息量越大,图像的视觉效果就越差;但对于不同的嵌入算法,可以做到嵌入的信息量不同,图像数据的改变程度也不同,得到的视觉效果却相差不大的结果。因此在设计达到最佳的隐藏容量和(或)鲁棒性的算法时,首先需要有一个恰当的不可感知性评价指标,而学者给出的各种嵌入容量的研究结果也是假设在一定的失真约束度下进行的。

鉴于目前信息隐藏主流研究方向都是在图像上实现的,所以在研究信息隐藏的不可感知性评价时,主要需要基于图像信息隐藏的不可感知性评价。由于人眼视觉系统(HVS)异常复杂,涉及生物学、解剖学、生理学、心理学等多学科领域,所以对其研究还在不断深入。在图像质量评价方面虽然取得了一些进展,但至今还没有很合适的视觉失真评价方法。在具体评价系统研究方法上,许多研究者借鉴了图像处理和图像编码中衡量图像失真的方法,如差分质量评价等,其中最频繁使用的是峰值信噪比(PSNR)评价方法,有人甚至将其作为唯一的不可感知性的评价标准,但在实际应用中发现这些指标在评价不可感知性时还有很多不足。通过结合人类视觉系统的感知特性,本章提出一种新的评价信息隐藏不可感知性指标,它能克服峰值信噪比等指标的一些不足之处,能更好地衡量隐藏信息的不可感知性,同时计算复杂度低,并且峰值信噪比是它的一种特殊情况。

2.1　人眼视觉特性分析

基于图像的信息隐藏的不可感知性是由人类的视觉系统决定的,对人眼视觉系统的研究,人们已经进行多年,已获得一些定性结果,同时也提出一些可用于图像质量定量分析的视觉计算模型[66-71]。人眼视觉模型(human vision model)在信息隐藏技术中有两个用处:一是可以用来选择隐藏信息的嵌入位置,确定嵌入强度;二是可以用来评价嵌入信息后的图像质量,用基于人眼视觉系统特性的图像评估方法来取代峰值信噪比、均方误差 (Mean Squared Error,MSE)法等一些经典的图像评估方法,更能反映嵌入信息后的感知程度。特别是 Watson 等的视觉感知模型[72](简称 Watson 模型)中提出了一个很重要的称为临界差异(Just Noticeable Difference，JND)的概念[73]，指出在实验中能被识别出来的最小失真，即能够被人类视觉普遍感知到变化的最小值。在嵌入信息时，要遵循的一个原则就是嵌入信息后图像系数的改动不能超过一个单位的 JND 值。Watson 模型最初用于 JPEG 图像压缩的量化矩阵的优化设计中(如确定量化步长、评测图像压缩质量等)。该模型由三个方面的因素构成：视觉空间频率敏感特性、对比度掩蔽特性和亮度掩蔽特性。由于所获得的视觉计算模型过于复杂，所以很难针对每一幅图像或图像的局部特征来构造自适应的图像视觉压缩算法，人眼视觉特性并没有得到充分应用[74]。目前人们利用人眼视觉系统的视觉空间频率敏感特性、对比度掩蔽特性和亮度掩蔽特性等多种特性，提出多种基于人眼视觉系统图像信息隐藏算法。人类视觉主要包括视觉生理学和视觉心理学两大部分，因此人眼视觉特性也涉及人类视觉系统的生理特性和心理特性两个方面。

2.1.1　人眼视觉的生理学特性

人眼视觉的生理学特性涉及视觉的基本特性、视网膜的信息处理、视觉的中枢机制等。人眼视觉的生理器官由含有折光系统的眼球、含有感光细胞的视网膜、视觉通路和视觉皮层等部分组成。眼球和视网膜是视觉产生的场所，而视觉皮层则是高级感知产生的地方。眼球是视觉系统的第一个阶段，来自眼外部的光线经过眼球时发生折射，最后成像在视网膜上。

在眼球的后部是视网膜，它的功能是对成像在视网膜上的图像进行换能和编码。视网膜上含有对光刺激高度敏感的视杆和视锥细胞，并能将外界光刺激所包含的视觉信息转变成为电信号，即进行换能，相当于数码相机的电荷耦合器件(Charge Coupled Device，CCD)部件。视锥细胞分辨率高并能感知颜色，视杆细胞分辨率低且对亮度敏感。在高亮度时饱和时，中心部位前者较多，周围后者较多。在视觉场的中心位置视杆细胞基本不存在，在环境亮度大于 $10\ cd/m^2$ 时，视觉完全由视锥细胞起作用，所以在图像处理应用中，视杆细胞的贡献几乎可以忽略。锥状细胞根据它们对长、中、短波长的敏感程度分为 L-、M-、S-锥状细胞。当前对三类锥状细胞的确切的谱敏感性位置尚有争议，且测试方法不同，得到的各谱段也有差异。锥状细胞不提供详细的频谱信息，只提供对相应敏感区域的加权和，这就意味着三个值应该足够重建人的彩色分辨率。所以国际照明委员会(Commission Internationale de l'Eclairage，CIE)采用几种颜色函数，如 RGB、XYZ 等。人的色彩感知不是直接对应于杆状细胞的响应，而是与它们的差相联系。人的色彩感知由三个通道组成：一个非彩色通道，两个彩色元素通道，分别编码为红-绿差和蓝-黄差。这种编码减少了三类杆状细胞信号间的冗余度，这种有效的编码在视网膜上完成。在图像处理中，这种编码被用在几种彩色空间中，如 YCbCr，此处 Y 为亮度通道，Cb、Cr 是色差通道。

视网膜除了有将视觉信息转变成为电信号的功能，还要对形成的电信号进行编码处理。视网膜上会聚着相互连接的神经，视网膜上的接收器个数与光学神经纤维个数有很大差别，其比值约为 100：1，因此视网膜在沿视神经传输信号前需要先编码视觉信息，也就是说在这一阶段需要压缩视觉信息。这种压缩是通过将所拍图像的空间、时间进行压缩，编码压缩后的信号以视神经纤维的动作电位的形式传向大脑。

人类视觉不仅是一个生理过程，还是一个心理过程，因此还需要从视觉心理特性角度来研究视觉的敏感特性与掩蔽特性。

2.1.2　人眼视觉的心理学特性

人眼类似于一个光学系统，但它不是普通意义上的光学系统，还受到神经系统的调节。人的视觉特性在不同的外界条件下，对相同图像数据有不同的视觉心理感受，因此具有不同局部特性的区域，在保证不被人眼察觉的前提下，允许改变的信号强度不同。就目前来看，在信息隐藏技术上，主要运用的人眼视觉特性有三个方面，分别为视觉空间频率敏感特性、对比度掩蔽特性和亮度掩蔽特性[75,76]。

1）视觉空间频率敏感特性

从空间频率域来看，人眼是一个低通型线性系统，分辨景物的能力是有限的。由于瞳孔有一定的几何尺寸和一定的光学像差，视觉细胞有一定的大小，所以人眼的分辨率不可能是无穷的，人眼视觉系统对太高的频率不敏感，当快速运动物体从眼前通过时，人们很难看清其细节而只有个粗略轮廓。只有当物体细节大小、明暗对比度，以及在眼中呈现长短都比较合适时，人眼才能对物体细节有清楚的识别。这样一种视觉特性可以定量地用视觉空间频率特性或视觉时间频率特性来描述。视觉系统的空间和时间频率特性是互相依赖的。对亮度在空间进行正弦变化的正弦光栅，求出人眼对各种间距显示的图案的认识程度，就可以得到视觉空间频率特性。

频率敏感性描述人眼视觉在不同的频率下，对正弦光栅增益的敏感程度，通常可以借助对比度敏感函数（Contrast Sensitivity Function，CSF）或调制传递函数（Modulation Transfer Function，MTF）来加以描述。一维 CSF 的定义为

$$C(\omega)=5.05\mathrm{e}^{-0.178\omega}(\mathrm{e}^{0.1\omega}-1) \tag{2-1}$$

式中，ω 为视角正对的径向频率，单位为周/(°)，其曲线如图 2-1 所示。该函数曲线反映了人眼视觉对低频部分的变化敏感而对高频部分的变化不敏感的特性。利

用该模型，可以假设在最小的观察距离是固定的情况下，对每一个频率带，确定其静态的与图像内容无关的 JND 数值是可能的。文献[77]将此特性扩展到二维，得到二维的对比度灵敏函数为

$$C(u,v)=5.05\mathrm{e}^{-0.178(u+v)}(\mathrm{e}^{0.1(u+v)}-1) \tag{2-2}$$

式中，u,v 为空间频率，单位为周/(°)。对应的曲线如图 2-2 所示。

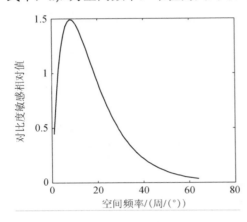

图 2-1　一维对比度敏感函数曲线　　　　图 2-2　二维对比度敏感函数曲线

实际使用中，为了适应 JPEG 标准，常将图像分解成 8×8 像素的图像块。利用式(2-2)可以计算出一个 8×8 像素的图像块对噪声的视觉敏感性，具体计算公式为

$$S=\sum_{\forall(u,v)}C(u,v)\left|F_{\mathrm{DCT}}(u,v)\right|^2 \tag{2-3}$$

式中，F_{DCT} 为图像块的离散余弦变换(DCT)；S 值反映了人眼视觉系统对此图像块的视觉敏感性，S 值越大，人眼对图像中的噪声越不敏感，也就是说可以嵌入此图像块中的信息越多。

利用 S 值可以计算图像块的可视噪声阈值 JND 为

$$\mathrm{JND}=\alpha\ln S \tag{2-4}$$

式中，α 是权值，用来调节噪声阈值的大小，其取值范围可由实验获得。

另外，人眼对不同角度的空间频率视觉信号的响应也不相同，在垂直方向与水平方向的频率都具有较强的视觉响应，在对角线方向，响应就显著下降。

2) 对比度掩蔽特性

在信息隐藏中还常会用到一个强度信号相对于另一个强度信号的 JND 或者能够掩蔽噪声的 JND。这类 JND 的测试是通过被掩蔽信号的检测门限的提升来度量的，也就是先在不同对比度的掩蔽信号背景上添加被掩蔽信号，然后分别检测能

区分出被掩蔽信号的对比度检测门限。对对比度掩蔽现象及其提升门限的定量描述需要建立数学模型,这一方面的模型有多种,比较典型的有 Legge 和 Foley 模型,以及 Daly 的基于皮层变换的模型。当亮度发生跃变时,会有一种边缘增强的感觉,视觉上会感到亮侧更亮,暗侧更暗,这个现象称为马赫效应。马赫效应会导致局部阈值效应,即在边缘的亮侧,靠近边缘像素的误差感知 JND 比远离边缘的 JND 高 3～4 倍,可以认为边缘掩盖了其邻近像素,因此在靠近边缘的像素位置可以隐藏更多的信息而不被感知。

3)亮度掩蔽特性

把两个不同亮度的物体相邻地放在一起,为了区分它们的不同,其亮度应该有一定的差异,当差异小于临界值时,这两个物体就区分不出来。也就是说,当光强 I 增大时,在一定变化幅度内人眼感觉不出,只有变化到一定值即 $I+\Delta I$ 时,人眼才能感觉到亮度有变化,通常把人眼主观上刚可辨别亮度差别所需的最小光强差值 ΔI 称为亮度的可见度阈值。由于人眼对亮度的响应是非线性的,呈现对数响应特性,因此对于不同的亮度值,ΔI 不是一个固定值。根据韦伯定律,人眼对光强变化的响应与光强成反比,即人眼在低光强时有较高的灵敏度,在高光强下具有较低的灵敏度。在均匀背景下,人眼刚好可以识别的物体照度为 $I+\Delta I$,ΔI 满足

$$\Delta I \approx 0.02 \times I \tag{2-5}$$

视觉感知能力随着被观测物体的亮度变化是非常显著的。在一般情况下,视觉感知能力随亮度的增加而提高,但这种关系却不是线性关系,而是非线性关系,如图 2-3 所示,横轴为亮度,单位为 cd/m²,纵轴为白底黑圈兰道尔环视力。从图 2-3 可以看出,在 0.01 cd/m² 以下的亮度,人眼的视力将变得很差,基本上是不可感知的,而超过 3000 cd/m² 时基本饱和,即在不超过 3000 cd/m² 时视力都在随亮度的上升而上升。0.1～300 cd/m² 的亮度范围内,视觉感知能力与亮度的对数成正比(直线关系),这符合韦伯-费希纳定律。视觉领域的进一步研究表明,ΔI 与 I 的关系更接近指数关系。有文献提出了更准确的亮度的可见度阈值函数表达式为

$$\Delta I = I_0 \times \max\{I, (I/I_0)^{\alpha}\} \tag{2-6}$$

式中,I_0 为当 $I=0$ 的对比度门限;α 为常数,$\alpha \in (0.6, 0.7)$。

$\Delta I / I$ 一般也称为对比灵敏度,因此恢复图像的误差如果低于对比灵敏度,则不会被人眼察觉。

对于一个好的图像信息隐藏方案,应该充分考虑人眼的视觉特性,因此应该寻找一个好的视觉可见性模型。这个模型应该包括视觉特性的三个方面:视觉空间频率敏感特性、对比度掩蔽特性和亮度掩蔽特性。由于人们还没有找到一个理

想的用来描述人眼视觉特性的数学模型，所以在实际应用中很难找到一种既简洁又同时考虑上述三种视觉特性的信息隐藏方案。

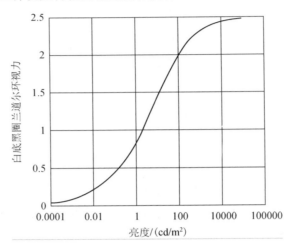

图 2-3　视觉感知能力与亮度变化关系

2.2　信息隐藏不可感知性的评价方法

在数字图像信息隐藏中，肯定会修改某些像素的像素值，使隐藏有秘密信息的数字图像和原图像之间常存在着差别，那么如何衡量这种差别的不可感知程度，需要对数字图像之间的差别建立一个客观的评价标准，即需要对隐藏操作引起的主观失真和客观质量下降建立合适的评价标准。目前载密图像的不可感知性的评价分为主观评价和客观评价两类。

2.2.1　主观评价方法

主观测试是指依靠不同观察者的主观感觉来度量图像质量的测试方法。基于人的主观视觉模型人眼视觉系统的主观评价，主要采用平均评价分数（Mean Opinion Score，MOS）方法来进行，其计算公式为

$$C = \frac{\sum_{i=1}^{k} n_i c_i}{\sum_{i=1}^{k} n_i} \tag{2-7}$$

式中，k 为分类数量；c_i 为图像属于第 i 类的分数；n_i 为判断该图像属于第 i 类的人数。

　　应用主观评价时，需要遵守测试协议，该协议对测试条件和评估的过程进行了详细的规范。测试过程主要包括两个步骤：①将失真的数据集按照从最好到最坏的次序排序；②挑选测试人员按照一定的质量等级准则观察确定受测对象的感知级别，主观评价的典型方法为 ITU-R Rec 500 的质量等级评判法[78]。ITU-R Rec 500 采用 5 个评价等级，各等级与对图像质量损坏的关系如表 2-1 所示。

表 2-1　主观质量评价等级表

质量等级	对图像质量损坏的感受描述	质量级别
5	不可察觉	优
4	可察觉，不让人厌烦	良
3	轻微地让人厌烦	中
2	让人厌烦	差
1	非常让人厌烦	极差

　　由于载密图像的不可感知性最后要由人的视觉系统来判断，所以人的视觉做出的质量评价应是最直接也是最可靠的评价。但是视觉感知能力因人而异(如高度近视的人感知就较差，更为极端的例子是盲人的视觉感知几乎为 0)，由欧洲 OCTALIS(Offer of Content through Trusted Access Links)项目组完成的工作表明，即使具有同样感知能力，但经历不同的人(如专业摄影师和研究员)对图像的主观测试结果差异也很大，并且同一观察者在不同的观测环境下对图像的主观测试结果也可能不同。由于这种差异性，使主观评价载密图像的不可感知性很难给出稳定可靠的结论，所以在研究和开发隐藏算法中主观评价的方法并不是很实用，实际的度量往往采用客观定量度量的方法。

2.2.2　基于像素的客观评价方法

　　与主观评价相比，客观评价尽管有些机械，但由于测量结果不依赖于主观感觉和意识，并可以使基于不同机理的图像处理方法按照同一个固定的评价标准进行计算，具有可重复性和易于实现的优点，所得结果相互间的比较多数情况下也比较合理，所以是一种具有通用性的有效的评测方法，现有的信息隐藏性能评价研究多集中于此。目前使用的客观度量方法多数是基于像素失真的失真度量评价方法，如平均绝对差分、均方误差(MSE)、L^p 范数、拉普拉斯(Laplace)均方误差、信噪比、峰值信噪比(PSNR)等。其中峰值信噪比或均方误差是目前在信息隐藏领域中定量度量载密图像的不可感知性时用得最多的指标，下面给出部分评价方法的数学表示。

　　假设数字原始图像 I 为一个 $M \times N$ 像素的灰度图像，隐藏信息后的图像为 I'。图像 I 和 I' 在 (i, j) 位置的像素的值分别为 $f(i, j), g(i, j)$，($i=1, 2, \cdots, M; j=1, 2, \cdots, N$)。

1) 图像的均方误差(MSE)

均方误差的计算公式为

$$\text{MSE}=\frac{1}{MN}\sum_{i=1}^{M}\sum_{j=1}^{N}(f(i,j)-g(i,j))^2 \tag{2-8}$$

均方误差逐点计算了图像数据处理前后的变化情况,在一定程度上反映了待检测图像与原始图像的近似程度,大的均方误差值表示处理前后图像的差别大,不可感知性差;反之,表示处理前后图像的差别小,不可感知性好。

2) 图像的峰值信噪比

峰值信噪比的计算公式为

$$\text{PSNR}=10\log_{10}\left(\frac{\max f(i,j)^2}{\frac{1}{MN}\sum_{i=1}^{n}\sum_{j=1}^{m}(f(i,j)-g(i,j))^2}\right) \tag{2-9}$$

峰值信噪比同均方误差一样逐点计算了图像数据处理前后的变化情况,其单位为分贝(dB)。由于峰值信噪比能定量衡量信息隐藏引入的失真且计算简便,所以峰值信噪比这一评价指标已经被众人接受和熟知,且被广泛使用,有的文献甚至还把它作为衡量信息隐藏引入的失真的唯一评价指标。

3) 其他基于像素度量的评价指标

除了峰值信噪比和均方误差,还有很多基于原始图像与修改后图像的像素度量的评价指标,介绍如下。

(1) 最大差

$$\text{MD}=\max_{i,j}\left|f(i,j)-g(i,j)\right| \tag{2-10}$$

(2) 平均绝对差

$$\text{AD}=\frac{1}{MN}\sum_{i=1}^{M}\sum_{j=1}^{N}\left|f(i,j)-g(i,j)\right| \tag{2-11}$$

(3) 平均绝对差范数

$$\text{NAD}=\frac{\sum_{i=1}^{M}\sum_{j=1}^{N}\left|f(i,j)-g(i,j)\right|}{\sum_{i=1}^{M}\sum_{j=1}^{N}\left|f(i,j)\right|} \tag{2-12}$$

（4）归一化均方误差

$$\text{NMSE} = \frac{\sum\limits_{i=1}^{M}\sum\limits_{j=1}^{N}|f(i,j)-g(i,j)|^2}{\sum\limits_{i=1}^{M}\sum\limits_{j=1}^{N}|f(i,j)|^2} \tag{2-13}$$

（5）L^p 范数

$$L^p = (\frac{1}{MN}\sum\limits_{i=1}^{M}\sum\limits_{j=1}^{N}|f(i,j)-g(i,j)|^p)^{1/p} \tag{2-14}$$

（6）拉普拉斯均方误差

$$\text{LMSE} = \frac{\sum\limits_{i=1}^{M}\sum\limits_{j=1}^{N}|\Delta f(i,j)-\Delta g(i,j)|^2}{\sum\limits_{i=1}^{M}\sum\limits_{j=1}^{N}|\Delta f(i,j)|^2} \tag{2-15}$$

式中，$\Delta f(i,j)=f(i+1,j)+f(i-1,j)+f(i,j+1)+f(i,j-1)-4f(i,j)$，$\Delta g(i,j)=g(i+1,j)+g(i-1,j)+g(i,j+1)+g(i,j-1)-4g(i,j)$。

（7）信噪比

$$\text{SNR} = \frac{\sum\limits_{i=1}^{M}\sum\limits_{j=1}^{N}|f(i,j)|^2}{\sum\limits_{i=1}^{M}\sum\limits_{j=1}^{N}|f(i,j)-g(i,j)|^2} \tag{2-16}$$

也通常用分贝为单位，则

$$\text{SNR(dB)} = 10\log_{10}(\text{SNR})$$

（8）归一化互相关

$$\text{NC} = \frac{\sum\limits_{i=1}^{M}\sum\limits_{j=1}^{N}f(i,j)\times g(i,j)}{\sum\limits_{i=1}^{M}\sum\limits_{j=1}^{N}f(i,j)^2} \tag{2-17}$$

（9）图像保真度

$$\text{IF} = \frac{1-\sum\limits_{i=1}^{M}\sum\limits_{j=1}^{N}|f(i,j)-g(i,j)|^2}{\sum\limits_{i=1}^{M}\sum\limits_{j=1}^{N}f(i,j)^2} \tag{2-18}$$

Wang 等不十分赞同上述基于像素误差的评价方法，他们从图像形成角度提出结构相似性假设，即人眼的主要功能是提取图像和视频中的结构信息[79,80]，人眼视觉系统为实现这个功能具有高度自适应性。根据这个假设，朱里等分别提出了图像空域中的结构相似度(Structural Similarity，SSIM)失真评价指标[81,82]。基于结构相似性度量的图像质量评估方法将失真描述为相关(结构)、均值(亮度)、方差(对比度)三个分量，然后将这三个分量分别作用形成的总效果来评价图像的质量。仿真实验表明结构相似度比峰值信噪比或均方误差更符合人眼视觉系统特性，但是结构相似度算法对图像模糊不够敏感，不能较好地评价严重模糊图像的质量[83,84]，因此用结构相似度来衡量多数基于变换域的隐藏算法的性能是不合适的。杨春玲等提出了基于梯度的结构相似度的图像质量评价方法[85]，将结构相似度中的结构比较函数 $s(x, y)$ 用梯度相似度 $g(x, y)$ 代替，提高了对图像模糊的敏感性，但对梯度方向这一影响图像质量评价结果的因素没有考虑。总体来说，基于结构相似度的图像质量评价方法在性能上优于基于像素误差评价的方法，但计算复杂度要远超过基于像素误差的评价方法，这是基于结构相似度没有得到广泛使用的主要原因之一。

2.2.3　基于变换域的客观评价方法

在变换域也有一些学者提出了一些相应的评价方法，Watson 利用敏感度、掩蔽和合并的概念提出了一个 DCT 域测量视觉保真度的模型[86]。在该模型中描述了一个估计图像之间 JND 值的感知模型，该模型将一个敏感度函数、一个亮度掩蔽函数和一个对比度掩蔽函数合并起来度量失真带来的感知影响。该模型用于估计噪声加入图像后所产生的感知影响，其效果比峰值信噪比(或均方误差)好得多。该模型先根据图像子块 DCT 系数来估计发生变化的可感知度，然后将这些估计结果合并成一个对感知距离的估计 $D_{\text{watson}}(C_o, C_w)$，其中 C_o 和 C_w 分别表示原始图像和隐藏有秘密信息的载密图像。

Watson 模型定义了一个如式(2-19)所示的频率敏感度矩阵。矩阵中的每一个元素 $t(i, j)$ 表示图像中每一个不相交 8×8 像素块中，在不存在任何掩蔽噪声的情况下可被察觉的 DCT 系数的最小幅度(也就是产生一个单位 JND 的系数变化值)，这个值越小说明人眼对该频率越敏感。这个频率表是一些参数的函数，包括图像的分辨率，以及观察者对图像的距离。

$$T = \begin{bmatrix} 1.40 & 1.01 & 1.16 & 1.66 & 2.40 & 3.43 & 4.79 & 6.56 \\ 1.01 & 1.45 & 1.32 & 1.52 & 2.00 & 2.71 & 3.67 & 4.93 \\ 1.16 & 1.32 & 2.24 & 2.59 & 2.98 & 3.64 & 4.60 & 5.88 \\ 1.66 & 1.52 & 2.59 & 3.77 & 4.55 & 5.30 & 6.28 & 7.60 \\ 2.40 & 2.00 & 2.98 & 4.55 & 6.15 & 7.46 & 8.71 & 10.17 \\ 3.43 & 2.71 & 3.64 & 5.30 & 7.46 & 9.62 & 11.58 & 13.51 \\ 4.79 & 3.67 & 4.60 & 6.28 & 8.71 & 11.58 & 14.50 & 17.29 \\ 6.56 & 4.93 & 5.88 & 7.60 & 10.17 & 13.51 & 17.29 & 21.15 \end{bmatrix} \quad (2\text{-}19)$$

如果 8×8 像素块的平均亮度较大，那么 DCT 系数就可以修改较大的数值而不

被察觉。Watson 模型根据块的亮度来调整不同亮度块的 DCT 系数敏感度，其具体计算公式为

$$t_L(i,j,k)=t(i,j)(C_0(0,0,k)/C(0,0))^\alpha \tag{2-20}$$

式中，$t(i,j)$ 为式 (2-19) 中各 DCT 系数的敏感度值；$t_L(i,j,k)$ 为根据块亮度调整后的掩蔽门限值；$C_0(0,0,k)$ 为第 k 个像素块的直流系数 (也就是块的平均像素强度)；$C(0,0)$ 为原图中各子块的直流系数 (Direct Coefficient，DC) 的平均值，也可以设定为代表图像预期强度的常数；α 为一常数，通常取值为 0.649。从式 (2-20) 可以看出，在一幅图像中，比较明亮的区域可以在不被察觉的情况下进行较大改动。

式 (2-19) 中的 $t(i,j)$ 表示不存在任何掩蔽噪声的情况下可被察觉的 DCT 系数的最小幅度，而实际上亮度掩蔽门限的取值肯定要受到对比度掩蔽的影响，为此在 Watson 模型中还引入对比度掩蔽门限值 $s(i,j,k)$，其计算表达式为

$$s(i,j,k)=\max(t_L(i,j,k),|C_0(i,j,k)|^{w(i,j)}t_L(i,j,k)^{1-w(i,j)}) \tag{2-21}$$

式中，$w(i,j)$ 是一个介于 0~1 内的常数，而且会因 DCT 系数的不同而不同，在 Watson 模型中所有的 $w(i,j)$ 都取为 0.7。对比度掩蔽门限 $s(i,j,k)$ 给出了各子块 DCT 系数在一个 JND 范围内可进行的变化大小，称为间隙。

在对原始图像 C_o 和载密图像 C_w 进行比较时，首先要计算对应 DCT 系数的差值 $e(i,j,k)$，其计算表达式为

$$e(i,j,k)=C_w(i,j,k)-C_o(i,j,k) \tag{2-22}$$

然后将这些差值除以各自的间隙 $s(i,j,k)$，得到第 (i,j) 个频率系数的可感知距离 $d(i,j,k)$，即

$$d(i,j,k)=e(i,j,k)/s(i,j,k) \tag{2-23}$$

最后将式 (2-23) 计算出的各个单独误差合并成一个总的感知距离 $D_{\text{watson}}(C_o,C_w)$，其表达式为

$$D_{\text{watson}}(C_o,C_w)=\left(\sum_{i,j,k}|d(i,j,k)|^4\right)^{\frac{1}{4}} \tag{2-24}$$

Watson 还提出了基于视觉系统小波域量化噪声视觉权重分析方法。Kaewkameerd 和 Rao 提出了基于小波域的人眼视觉系统模型的门限公式[87]，以上基于变换域的评价方法计算复杂度均非常高，影响了它的应用价值。

2.3　峰值信噪比在信息隐藏不可感知性评价中的缺陷分析

峰值信噪比逐点计算了图像数据处理前后的变化情况，在一定程度上反映了待检测图像与原始图像的近似程度。当嵌入算法引入的图像失真类似于加性高斯噪声时，峰值信噪比从总体上衡量了图像的失真程度，其质量评价与人的主观评价基本一致，峰值信噪比越小，图像质量就越低，反之，峰值信噪比越高，图像

质量就越高，嵌入信息的不可感知性越好。因此，峰值信噪比是目前应用最广泛的信息隐藏不可感知性评价指标。

在信息隐藏研究领域，为了保证隐藏信息的隐蔽性，嵌入算法总是尽可能地将隐藏信息的能量扩散到所有对应的图像样点中，以避免失真主要集中在图像的某些局部区域，从而引起攻击者的怀疑。为了提高嵌入容量和不可感知性，多数信息隐藏算法都不同程度地考虑了人类视觉特性，不同的区域嵌入的信息量(或强度)并不相同。例如，在图像粗糙区域嵌入的信息多，而在平滑区嵌入的信息少，即嵌入信息给载体图像带来的失真与加性高斯噪声并不相同，此时再用峰值信噪比来评价隐藏信息的不可感知性就可能很不准确。峰值信噪比高并不一定不可感知性就好，甚至可能出现视觉有明显的差异性的图像，其峰值信噪比值高于没有明显视觉差异的图像。如图 2-4 所示的两幅图像中，每个像素点的像素值由[0, 255]内的随机整数构成，是两幅完全不同的图像，它们的峰值信噪比为 7.78，非常低，但在人的视觉系统中它们却是几乎相同的两幅图像。可以将图 2-4(b)看成是图 2-4(a)进行了大量修改的结果，但人的视觉系统基本不能区分它们，不可感知性很好，也就是说此时可以隐藏巨大的由随机信号调制后的隐秘信息。相反，如图 2-5 所示的两幅 512×512 像素的8 级灰度图像，图 2-5(b)为在图 2-5(a)的左下角加入了一些文字的结果，修改的像素点为 404 个，占总像素的比例仅为 0.15%，它们的峰值信噪比为 31.368，相对比较高，但人的视觉系统能明显感知到它们的区别，也就是说此时峰值信噪比与人类视觉的主观评价结果一致性较差。文献[75]提供了对同一图像进行两种修改的实例，一个是对整个图像的每一个像素进行微小改变，另一个是对图像的某一个小的局部进行较大的改变，可以保证这两次处理前后的峰值信噪比相同，但观察处理后的图像，会发现两者在视觉上有很大的差异。这些差异很容易理解，这是因为将分散的噪声集中起来，自然会对视觉有较大的影响。由于人是图像的最终观赏者，客观评价结果应当与平均主观评价分数一致，否则这种评价标准就存在不合理的地方，但通过以上实例，可以看出用峰值信噪比得出的评价结果与主观观察结果差别很大，这说明峰值信噪比不能很好地反映隐藏算法的优劣，用它来评价隐藏效果时明显不合适。

　　　(a)随机图像1　　　　　　　　　　　　　　(b)随机图像2

图 2-4　两幅随机图像

(a)原始图像　　　　　　　　　　(b)修改后图像

图 2-5　两幅对比图像

导致峰值信噪比与主观评价结果相差甚远的主要原因有以下几个方面。

(1)计算峰值信噪比时，对图像是逐点进行的，对图像每个像素点的所有误差（不管其在图像中的位置）都赋予同样的权值，即将一幅图像不同区域的所有像素都同等对待和处理，并且没有考虑与周围像素点的相关性，哪怕它们的位置紧密相邻，一律都视为完全独立、相互之间毫不相关和毫无影响，然而事实上人的主观视觉并非如此。

在人的主观视觉上，图像中邻近像素高度相关，图像的变化在空间域具有缓变特性，即相邻位置之间像素的相关性较强，而随着空间距离的增加，像素之间的相关性逐渐减弱。同时，一幅图像不同区域的像素点的差异也不是完全相同的，粗糙区不可感知性好，而平滑区不可感知性差，不能同等对待和处理。

(2)计算峰值信噪比时，是将各种误差进行累计处理的，而实际上人眼的主观视觉对每个点的误差感知是有一个阈值的，只有超过这个阈值才会被感知，也就是说有一个从量变到质变的过程。在信息隐藏中，一幅图像所有点的值就算全部发生了改变，但只要都不超过某个阈值，整个图像所产生的误差就是不可感知的；相反就算大部分像素点的值没有发生改变，只要有少数点的改变超过了给定的阈值，这种改变就容易被感知，文献[75]提供的实例也说明了这一观点。

由以上分析可知峰值信噪比仅考察了原始图像和处理后图像对应像素之间的变化差异，而基本上没有考虑人类视觉特性，不能够反映人眼视觉屏蔽效应对这些噪声的影响，与人眼主观评价的一致性较差。多数信息隐藏算法为了提高信息隐藏的不可感知性和隐藏容量都不同程度地考虑了人类视觉特性，因此峰值信噪比指标不能从根本上反映信息隐藏算法的不可感知性，尤新刚等更是明确提出峰值信噪比不宜用来评价信息隐藏技术[75]。文献[88]针对峰值信噪比存在的缺陷，提出了一种分块的客观失真评价方法 PBED（Pixel-Block Error Distribution），该方法先将图像分成 8×8 或 16×16 的子块，然后考察这些图像子块的失真情况。PBED

不只是在总体上反映了信息隐藏过程引入的失真，还从微观上对局部的最大失真给出了限制，解决了峰值信噪比局部评价较差的问题，且计算复杂度也不是很高，但它仍然是将每个像素作为独立的点看待，没有考虑图像相邻像素点之间的相互影响，因此仍然不能区分粗糙区与平滑区的不可感知性，与人眼主观评价的一致性仍有较大差距。

2.4　基于人类视觉的不可感知性评价方法

2.4.1　视觉失真感知函数

用于评价不可感知性的理想指标应该满足以下几个条件：①能充分反映人类视觉特性；②指标的计算是基于空间域的，因为人眼对图像的感知最终是在空域中进行的；③计算复杂度较低。基于这种思想，本章提出了一种视觉失真感知函数来评价隐藏信息后的不可感知性。

根据人眼视觉系统的对比度特性，对于图像信息的修改量只要低于对比度门限，视觉系统就无法感觉图像修改前后的区别[89]，该门限值受背景照度、背景纹理复杂性和信号频率的影响。根据 Daugman 提出的视觉通道的 Gabor 滤波模型，一个像素点像素值的改变会影响与其相邻的多个像素点的视觉效果，即相邻像素之间存在相关性，但这种相关性随着两者之间的距离增加而迅速减小。

当多个像素点中每个点的变化均不可感知时，这些像素的变化之和也应该是不可感知的，即没有视觉失真，但图像中有像素点出现使人眼能感知到的变化，且这些能被感知到变化的像素点较多或某个像素点失真很严重时才会引起视觉失真，因此衡量视觉失真时应该只考虑人眼能感知到变化的那些像素点的变化情况，而不考虑那些虽然改变了但人眼不能感知到变化的像素点，这是目前广泛被忽视的问题。

由于人眼对图像平滑区的噪声敏感，而对纹理区的噪声不敏感，所以对像素的失真感知度与该像素一定邻域内的平滑度关系很大，坐标(i, j)处一定区域的邻域的平滑度 s 可定义为

$$s_{i,j} = \left(\frac{1}{1+\sigma_{i,j}^2} \right)^{\beta} \tag{2-25}$$

式中，β 为常数，一般取 1；$\sigma_{i,j}^2$ 为该邻域的均方差，即

$$\sigma_{i,j}^2 = \frac{1}{(2E+1)^2} \sum_{l=-E}^{E} \sum_{k=-E}^{E} (f(i+l, j+k) - \overline{f}(i,j))^2 \tag{2-26}$$

式中，E 为考虑的邻域的大小，平滑度 s 的值越大（最大值为 1），该邻域越平滑，像素值的变化越易被感知；$\overline{f}(i,j)$ 表达式为

$$\overline{f}(i,j) = \frac{1}{(2E+1)^2} \sum_{l=-E}^{E} \sum_{k=-E}^{E} f(i+l, j+k) \tag{2-27}$$

图像由平滑变为粗糙与由粗糙变为平滑对人眼的视觉感知来说是相同的，而嵌入信息前后邻域内的平滑度一般会发生改变，这就存在平滑度是以原始图像还是以嵌入信息后的图像作为参照的问题，因为粗糙区变为平滑时，人类视觉的感知也是同样非常明显的，文献[75]中所提到的极端的例子就属于这种情况。但在实际的信息隐藏算法中，待隐藏的信息一般是经过加密或置乱处理后的数据，这些处理后的数据呈现噪声特性，隐藏信息后的图像不会出现由粗糙变为平滑的现象，即文献[75]中所提到的极端的例子在信息隐藏应用中是不会出现的，因此以原始图像的平滑度作为参照更适合衡量嵌入前后图像的视觉感知变化情况。

设图像修改前后在 (i,j) 位置的像素的值分别为 $f(i,j), g(i,j)$，根据对比度敏感函数和邻域的平滑度，坐标 (i,j) 处的噪声感知量 NA 可定义为

$$\text{NA}(i,j) = s_{i,j} \times \sum_{l=-E}^{E} \sum_{k=-E}^{E} \max(0, |f(i,j)-g(i+l,j+k)| - \Delta f(i+l,j+k))^2 / d / (l^2+k^2+1) \tag{2-28}$$

式中，$\Delta f(x,y)$ 为按式 (2-6) 计算的坐标为 (x, y) 的像素点的对比度敏感值，而 (l^2+k^2+1) 则反映受影响的相邻像素点的距离；d 表示受影响的像素点的方向关系量，水平或垂直方向影响最大，正对角线方向影响最小，其表达式为

$$d = \begin{cases} 1, & l=0 \text{ 或 } k=0 \\ 2, & |l|=|k|, \text{ 且 } l \neq 0 \\ 1.5, & \text{其他} \end{cases} \tag{2-29}$$

整个图像在嵌入信息后的视觉失真感知函数 VDSF 可表示为

$$\text{VDSF} = \log_{10}\left(\frac{\max f(i,j)^2}{\frac{1}{MN} \sum_{i=1}^{M} \sum_{j=1}^{N} \text{NA}(i,j)} \right) \tag{2-30}$$

当 E 取值为 0 且不考虑像素点的亮度可见度阈值（即认为所有像素点的 $\Delta I=0$）时，视觉失真感知函数的值与峰值信噪比相同，即峰值信噪比是本函数的一种特殊情况。

视觉失真感知函数 VDSF 反映了人类视觉的四个特性：①人眼对视觉信号变化剧烈的地方（粗糙区）的噪声不敏感，对平滑区域的噪声敏感；②人眼对水平方

向的变化比对角线方向更为敏感；③低于可感知极限的亮度变化是不可感知的；④人的视觉系统在观看图像时，不但要获取图像的细微特征，还将各个像素尤其是相邻的像素视为一个有机的整体的结果。即相邻位置之间像素是相关的，距离越近相关性越强，而随着空间距离的增加，像素之间的相关性逐渐减弱。

2.4.2　实验结果与分析

为检验 VDSF 指标对视觉不可感知性的评价效果，分别在标准图像库中选取相对比较粗糙的如图 2-6(a)所示的 512×512×8 bit 的灰度图像 mandrill、相对比较平滑的如图 2-7(a)所示的 256×256×8 bit 的灰度图像 lena 和一幅如图 2-8(a)所示的二值图像进行实验。对图 2-6(a)分别进行裁剪 25×20 像素的区域(即文献[33]中所提到的极端例子)、加 0.5%椒盐噪声、加 0.2%椒盐噪声、加方差为 0.005 的高斯噪声(均值为 0，下同)、加方差为 0.002 的高斯噪声、加方差为 0.001 的高斯噪声后的图像分别如图 2-6(b)、图 2-6(c)、图 2-6(d)、图 2-6(e)、图 2-6(f)和图 2-6(g)所示，从视觉效果可以看出处理后的失真的不可感知性从好至差依次为图 2-6(g)、图 2-6(d)、图 2-6(f)、图 2-6(c)、图 2-6(e)和图 2-6(b)；对图 2-7(a)分别进行裁剪 20×20 像素的区域、加 0.5%椒盐噪声、加 0.2%椒盐噪声、加方差为 0.005 的高斯噪声、加方差为 0.002 的高斯噪声、加方差为 0.001 的高斯噪声后的图像分别如图 2-7(b)、图 2-7(c)、图 2-7(d)、图 2-7(e)、图 2-7(f)和图 2-7(g)所示，从视觉效果可以看出处理后的失真的不可感知性从好至差依次为图 2-7(g)、图 2-7(d)、图 2-7(f)、图 2-7(c)、图 2-7(e)和图 2-7(b)。经过处理后各图像与原始图像的VDSF 指标与 PSNR 指标见表 2-2。表中可接受的 PSNR 值最大为 30，可接受的VDSF 值最大为 40.5，它们是通过大量实验观察所得出的结果。

 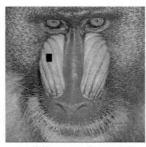 

(a)原始图像　　　　　　(b)裁剪 25×20 像素后图像　　　　　　(c)加 0.5%椒盐噪声

图 2-6　原始图像 mandrill 及其失真图像

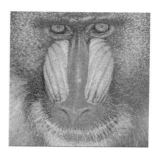

(d) 加 0.2% 椒盐噪声　　　　　　(e) 加方差为 0.005 的高斯噪声　　　　　(f) 加方差为 0.002 的高斯噪声

(g) 加方差为 0.001 的高斯噪声

图 2-6　原始图像 mandrill 及其失真图像 (续)

(a) 原始图像　　　　　　　　　(b) 裁剪 20×20 像素后图像　　　　　　　(c) 加 0.5% 椒盐噪声

(d) 加 0.2% 椒盐噪声　　　　　　(e) 加方差为 0.005 的高斯噪声　　　　　(f) 加方差为 0.002 的高斯噪声

图 2-7　原始图像 lena 及其失真图像

(g)加方差为 0.001 的高斯噪声

图 2-7　原始图像 lena 及其失真图像(续)

表 2-2　灰度图像 VDSF 指标与 PSNR 指标对比表(图 2-6 与图 2-7)

图号	处理方式	VDSF	与可接受的 VDSF 值的差	PSNR	与可接受的 PSNR 值的差
图 2-6	裁剪(25×20 像素)	38.4891	-1.5109	30.2612	0.2612
	加 0.5%椒盐噪声	40.6378	0.1378	28.6509	-1.4491
	加 0.2%椒盐噪声	41.8582	1.3582	32.6411	2.6411
	加 0.005 高斯噪声	38.606	-1.394	23.0531	-6.9469
	加 0.002 高斯噪声	41.0332	0.5332	27.0452	-2.9548
	加 0.001 高斯噪声	42.0345	1.5345	30.025	0.025
图 2-7	裁剪(20×20 像素)	35.8201	-4.6789	31.6543	1.6543
	加 0.5%椒盐噪声	37.7366	-2.7634	28.1060	-1.8940
	加 0.2%椒盐噪声	41.4059	0.9059	32.3054	2.3054
	加 0.005 高斯噪声	35.908	-5.592	23.1553	-6.8447
	加 0.002 高斯噪声	40.571	0.021	27.0764	-2.8236
	加 0.001 高斯噪声	43.3217	2.8217	30.0048	0.0048

由表 2-2 可知,VDSF 对裁剪类攻击非常敏感,实验中所做的两例裁剪的 VDSF 值均低于 40.5 这个不可感知值,即可明显感知的,这与人类视觉是相符的,而 PSNR 正好相反。

PSNR 指标不能有效地与视觉不可感知性吻合,它不仅体现在剪裁处理等极端情况下,而且体现在添加均匀噪声上。例如,从表 2-2 可知加 0.5%椒盐噪声的噪声视觉可感知性明显高于加 0.002 高斯噪声,但 0.5%椒盐噪声 PSNR 值反而高于加 0.002 高斯噪声的,并且实验数据表明,在添加高斯噪声时,PSNR 与原始图像的粗糙/平滑程度相关度很小,明显不符合粗糙图像的噪声不可感知性大于平滑图像的规律。从表 2-2 还可看出,在粗糙图像中加入同样噪声,同平滑图像相比其 VDSF 值要高很多,符合视觉不可感知性更好的规律,可克服 PSNR 在这一方面的缺陷。

　　分别计算图 2-4 和图 2-5 所示的两幅灰度值图像的 VDSF 和 PSNR，其数据见表 2-3。从表 2-3 可知图 2-4 所示的两幅图像的 PSNR 值比图 2-5 所示的两幅图像低很多，用它来评价不可感知性时应该是图 2-5 所示的图像的不可感知性优于图 2-4 所示的两幅图像，这与人类的实际感知效果是明显不符的，而此时 VDSF 指标正好相反，能有效地与人类视觉不可感知性吻合。

表 2-3　灰度图像 VDSF 指标与 PSNR 指标对比表（图 2-4 与图 2-5）

指标	图 2-4	图 2-5
VDSF	40.45	38.8216
PSNR	7.78	31.368

　　对图 2-8(a) 文字边界处修改了 9 个像素点得到如图 2-8(b) 所示的图像，再对图 2-8(a) 随机修改 9 个像素点得到如图 2-8(c) 所示的图像，经过处理后各图像与原始图像的 VDSF 指标与 PSNR 指标见表 2-4。从视觉感知可知图 2-8(b) 的失真程度明显低于图 2-8(c)，这两图像的 PSNR 值却完全相同，说明 PSNR 不适合于二值图像信息隐藏的不可感知性度量，这在不少文献中提出过。从表 2-4 可知，VDSF 可明显区别图 2-8(b) 与图 2-8(c) 的感知性差异，并且图 2-8(c) 的 VDSF 值与图 2-6(f)、图 2-7(f) 比较接近，而这三幅图视觉不可感知程度也比较接近，说明 VDSF 同样可以用来衡量二值图像的不可感知性。

　　(a) 原始图像　　　　　　　　(b) 修改文字周围像素　　　　　　(c) 随机修改像素点

图 2-8　二值原始图像及其不同视觉失真的失真图像

表 2-4　二值文本图像 VDSF 指标与 PSNR 指标对比表

指标	图 2-8(b)	图 2-8(c)
VDSF	40.8487	31.4018
PSNR	26.6152	26.6152

　　根据以上分析可知，本章提出的 VDSF 指标与失真的视觉不可感知性吻合非常好。通过更多图像实验，还可得出这样一个结论，当 VDSF 值高于 40.5 时，不管是灰度图像还是二值图像，在视觉上都不会感知到明显失真，因此 VDSF 评价指标能统一灰度图像与二值图像的视觉不可感知度量。

2.5　本　章　小　结

　　本章在分析了人类视觉特性和常用的 PSNR 指标在评价信息隐藏不可感知性存在不足之处的基础上，提出了一种衡量信息隐藏算法不可感知性的指标 VDSF，它反映了人类视觉的四个特性。

　　(1) 人眼对视觉信号变化剧烈的地方(纹理区)的噪声不敏感，对平滑区域的噪声敏感。

　　(2) 人眼对水平方向的变化比对角线方向更为敏感。

　　(3) 低于可感知极限的亮度变化是不可感知的。

　　(4) 相邻位置的像素是相关的，并且相关性与距离有关。VSDF 指标计算复杂度低，并且 PSNR 是它的一种特殊情况。实验证明 VDSF 能克服 PSNR 等指标的一些不足之处，与人的视觉感知质量主观评价保持一致性方面明显优于 PSNR 等传统方法，能更好地衡量隐藏信息的不可感知性；实验还证明 VDSF 可同时应用于对二值图像的质量评价，解决了灰度图像与二值图像不能使用同一评价指标的问题。

第 3 章　基于混沌的隐秘数据预处理

在现有信息隐藏的应用中，需要嵌入的秘密信息无论它的类型是文本、声音、图像还是视频，在进行嵌入时，绝大多数算法都要求将它首先转化为二值(0 和 1 或-1 和 1)的序列。简单的方法是直接使用水印在计算机中的原始信息，即水印直接存储在计算机中的二进制信息，但该方法的保密性较差，如果攻击者从载体数据中获得了秘密数据，则可以直接了解秘密数据的内容。另外，图像类数据由于存在明显的纹理特性，在嵌入强度稍高时容易出现修改痕迹。为了提高信息隐藏算法的鲁棒性、不可感知性和安全性，通常需要对秘密信息进行预处理，将秘密信息加工成具有不可预测的"自然随机性"的特点。

3.1　隐秘数据预处理要求

由于人类视觉系统对图像的纹理具有极高的敏感性，所以隐藏的信息不应含有纹理。为达到理想的不可感知性和安全性，嵌入信息最好具有与噪声相同的特性。根据对信息隐藏技术所建立的通信模型可知，待隐藏的信息是在通信信道中传递的信息，而载体图像则是通信信道，因而将待隐藏的信息设计为高斯白噪声是合适的。香农编码定理指出：在高斯噪声的干扰下，在平均功率有限的信道上，实现有效和可靠通信的最佳信号是具有白噪声统计特性的信号。这是因为高斯白噪声信号具有理想的自相关特性，白噪声的自相关函数具有 δ 函数的特点，因此高斯白噪声具有尖锐的自相关特性使得它非常适合作为水印信息，这个特性在水印信号进行自相关检测时体现得尤其明显。哈尔凯维奇还从理论上证明：要克服多径衰落干扰的影响，信道中传输的最佳信号形式也应该是具有白噪声统计特性的。因此，目前文献中一般取下述随机序列作为水印嵌入载体数据中：①高斯白噪声。满足均值为 μ，方差为 σ^2 的正态分布。用得最多的是均值为 0，方差为 1 的高斯白噪声[41,90,91]，通常记为 $N(0,1)$。②伪随机序列。常见的有利用一个"种子"作为伪噪声发生器的输入而产生的满足 $N(0,1)$ 正态分布的伪随机实数序列、利用线性移位寄存器产生的具有类似白噪声性质的二值 m 序列、混沌序列等，这种伪随机序列可以人为地加以产生和复制，产生这种序列的控制参数就是产生序列的密钥。

信息隐藏中嵌入的信息可分为有意义的信号和无意义的信号两大类，但有意义的信号比无意义的信号应用要广得多。在隐秘通信应用中必须是有意义的信号，在数字水印应用中尽管水印信号可以是无意义的随机序列，但使用有意义的信号在水印提取后，可以非常直观地判断水印内容，不需要利用原始的水印信号进行相关性计算就能对载体中是否含有水印进行判别。因此在实际的信息隐藏应用中，多数是有意义的信号，而不是无意义的随机序列，即信号是代表一定意义的文本、声音、图像或视频。因此在隐藏前，需要将有意义的信号进行预处理，调制成随机序列再进行隐藏。预处理主要由三部分组成：信源编码、加密处理和纠错编码，其中加密处理是关键性的组成部分。加密的方式主要可分为三类：位置置换、值变换及其组合形式。

　　采用传统的加密方法对如文本之类的信息进行处理，会达到理想的效果。但是如果传递的是包含大量冗余信息的图像、音频和视频等多媒体数据，那么仍然采用传统的加密方法，在实际应用中是不太适宜的，因为要对这些包含大量冗余信息的内容进行加密或解密处理不仅需要消耗很大的资源，而且不能满足实时性的要求。在实际应用中，针对图像等多媒体信息数据量大的特点，目前常用混沌置乱和混沌序列密码的加密处理方法进行预处理。信号经序列密码加密后呈伪噪声码的形式，即形成伪噪声序列。伪噪声序列是类高斯白噪声的信号，所以经序列密码加密后的密文序列具备了整个通信信息系统(即信息隐藏系统)的最佳信号形式，使整个隐藏系统在保证信息安全性的同时，使系统具备了抗信道噪声干扰的鲁棒性。

3.2　混沌映射及其在隐秘数据预处理中的应用

3.2.1　混沌的特性

　　混沌(Chaos)是确定性系统的固有随机性产生的外在复杂表现，是一种貌似随机的非随机运动，表现出非常复杂的非线性动力学行为的随机过程。线性是指量与量之间按比例、成直线的关系，在空间和时间上代表规则和光滑的运动；而非线性则指不按比例、不成直线的关系，代表不规则的运动和突变。一个确定性系统是这样一种动力学系统：它由确定的常微分方程、偏微分方程、差分方程或一些迭代方程描述，方程中的系数都是确定的。在一个确定性系统中，对于一个给定的初值，系统以后的运动应该是完全确定的，即未来包含于过去。当初值有微小变化时，系统的变化也应该不会太大。按传统观念，当确定性系统的参数不带随机性时，对确定性激励的响应也必是确定性的。但是，在 20 世纪 60 年代人们发现有一些系统，虽然描述它们的方程是确定的，但系统对初值有极强的敏感性，即初值有微小的变化，将引起系统后来不可预测的改变。从物理上看运动似乎是随机的，这种对初值的敏感性，或者说确定性系统内的随机性就是混沌，混沌现象被由誉为"混沌之父"的美国科学家 Lorenz 在流体热对流的简化模型计算中首先观察到。1961 年 Lorenz 利用他的一台老式计算机,根据他导出的描述气象演变的非线性动力学方程,进行长期气象预报的模拟数值计算,探讨准确进行长期天气预报的可能性。有一次为了检验上一次的计算结果,他决定再算一遍,但他不是从上一次计算时的最初输入的数据开始验算,而是走了一条捷径,没有令计算机从头运行,而是从中途开始。他把上次的输出作为计算的初值输入,然后发生了出乎意料的事,他发现天气变化同上一次的模式迅速发生偏离,在短时间内,相似性完全消失了。后来检查其原因,发现是从键盘输入的数据与机器内的数据在精度上有差异,也就是说输入数据的细微差别导致了完全不同的输出结果。于是 Lorenz 认定,他发现了新的现象:"对初始值的极端不稳定性",即"混沌"。

Lorenz 曾经对混沌给出过一个通俗的定义:如果一个真实的物理系统,在排除了所有的随机性影响后,仍有貌似随机的表现,那么这个系统就是混沌的。现已证实,由于系统的非线性,满足一定参数条件的振动系统,受规则激励后也会产生貌似无规则的振动响应——混沌振动。混沌系统具有如下特性[92]。

(1)混沌是一种貌似随机的非随机运动。因为混沌信号是由确定性方程产生的,所以一旦给定系统参数和状态初值,就可以精确地再生混沌信号。

(2)混沌系统对初始条件极端敏感。对于两个完全相同的混沌系统,给定两个非常接近的初始值,经过几次迭代后,输出的结果就会完全不相关,这使混沌信号不具有长期可预测性。

(3)从相关性角度看,混沌信号的相关函数类似于随机信号的相关函数,具有类似冲激函数的特性。

(4)从频率域角度看,混沌信号具有类似于随机信号的连续频谱。

(5)从相空间角度看,混沌信号在相空间的吸引子表现为几何形状非常复杂的具有分数维的奇怪吸引子。混沌吸引子具有正的 Lyapunov 指数,这使混沌轨道对微小的扰动非常敏感。

(6)当时间趋于无穷时,混沌系统的轨迹会遍历到混沌状态闭包中的每一个点。

(7)混沌序列表现出非常复杂的非线性动力学行为,其结构复杂,分布上不符合概率统计学原理,难以分析、重构和预测。目前只能在特殊的条件下对一些混沌系统进行重构,理论上还没有较好的一般性方法。

利用混沌系统对初始条件的敏感依赖性,可以提供数量众多、非相关、类随机[93]而又确定可再生的伪随机序列,非常适合作为隐秘数据加密的密钥流。将混沌产生的伪随机序列与隐秘数据进行简单的异或处理就可将隐秘数据调制成伪随机序列信息,此方法不仅简单而且实用。

目前用于信息隐藏预处理的混沌方法主要有以下两类。

(1)先产生混沌序列,再用混沌序列作为密钥对需隐藏的数据进行加密。在现有信息隐藏的应用中,需要嵌入的秘密信息大都可以转化为数值序列,如数字水印中的序列号、版权号、隐秘通信中的二值图像等。根据信息隐藏的这一特点，大多数现有隐藏方法都采用基于序列密码的方式进行加密。混沌序列的产生可以表述为

$$x_{i+1} = f(x_i, \mu), \quad i = 0, 1, 2, \cdots \tag{3-1}$$

式中，f 为映射函数；μ 为控制参数。

映射函数能将当前状态映射到下一个状态，如果从一个初始值开始，那么根据式(3-1)就可得到一个序列。

设 V 是一个集合，如果 $f : V \to V$ 满足三个条件：①具有对初始条件的敏感依赖性；②是拓扑传递的；③周期点在 V 中稠密。则对应的系统在 V 上是混沌的。这一类混沌序列的典型代表有 Logistic 映射、Chebyshev 映射和 Renyi 映射等。

(2)对需要隐藏的数据进行混沌置乱。一般为对原始信息的位置进行重新排序，即所采用的变换是针对位置而言的，而不是针对具体数值的，它可以表述为

$$f : O \to O, \quad O = [0.1) \times [0,1) \in \mathbf{R}^2 \tag{3-2}$$

可表示为

$$r_{i+1} = A r_i \, (\bmod\, 1) \tag{3-3}$$

式中，r_i 为当前状态，r_{i+1} 为下一个状态。对于二维图像的坐标，式(3-3)可以表示为

$$\begin{pmatrix} x_{i+1} \\ y_{i+1} \end{pmatrix} = A \begin{pmatrix} x_i \\ y_i \end{pmatrix} \bmod N \tag{3-4}$$

式中，$a_{uv} \in \{1, 2, \cdots, N\}$；$u, v = \{1, 2\}$；$\det A = 1$，且矩阵 A 的特征值 $\lambda_1, \lambda_2 \notin \{-1, 0, 1\}$。

给定图像的一个初始坐标，经过式(3-4)变换后将得到一个点集 $\theta(r_0) = \{r_0, r_1, r_2, \cdots\}$，它称为系统轨迹。如果 V_0 是 O 的一个稠密子集，经过 n 次迭代后得到的 V_0 图像将混沌地分散到整个 O 空间，即这种变换技术同混沌序列一样，可以将秘密信息加工成具有自然随机性的新信息。如果一个轨迹 $\theta(r_0) = \{r_0, r_1, r_2, \cdots\}$ 是有限的，那么它是周期的，也就是说存在一个迭代次数 M 使 $r_M = r_0$。这一类混沌映射的典型代表有 Arnold 变换[94]、幻方、仿射变换等。

3.2.2　混沌在隐秘数据预处理中的应用

1)增强隐藏信息不可感知性

使用信息隐藏技术作为隐秘通信的方法时，不可感知性和隐藏容量是最重要的指标，但对一个具体算法不可感知性与隐藏容量经常是相互制约的。而将嵌入信息进行置乱或加密后再进行隐藏，能在保持嵌入容量不变和鲁棒性不变的情况下，减少不可感知性[95]。用 Cox 等的隐藏方法[41]，在如图 3-1(a)所示的载体图像中使用同样的隐藏强度参数分别隐藏图像 3-1(b)和将图 3-1(b)置乱处理后得到的图像 3-1(c)，

　　分别得到的图像为图 3-1(d) 和图 3-1(e)，对比图 3-1(d) 和图 3-1(e)，可以明显看出将图像直接嵌入与置乱处理后再嵌入，其不可感知性明显不同，在图 3-1(d) 中可清晰地看到秘密图像 3-1(b) 的轮廓，而在图 3-1(e) 中仅感觉到图像噪声有所增加。

(a) 载体图像

(b) 待隐藏的秘密图像

(c) 置乱后的秘密图像

(d) 直接隐藏秘密图像的载密图像

(e) 隐藏置乱后的秘密图像的载密图像

图 3-1　置乱对不可感知性的影响比较

2) 增强隐藏信息的安全性

　　增强隐藏信息的安全性主要从两个方面体现，一方面是经加密的信息具有足够的随机性，其频谱类似于白噪声。如果将载体图像当成信道，则加密后信息的特性与通信过程所伴随的某些自然随机性非常相似。将加密的信息嵌入到信道后，如果知道使用的嵌入方法而不知道嵌入密钥，则攻击者就没有证据表明提出来的信息是否只是一些随机的比特，即无法确定信道中是否存在秘密信息，从而提高了嵌入数据抗检测的能力。LSB 算法是信息隐藏技术最早使用的方法之一，因其算法简单、嵌入信息容量比较大且具有非常高的不可感知性，所以仍是一种最常见的算法。但将信息直接隐藏到 LSB 时，采用位平面提取方法可得到全部隐藏的信息，如果嵌入的信息是二值图像等有意义的信息，则攻击者可以直接得到秘密信息，这是非常不安全的，所以必须将信息进行加密然后再隐蔽，以增强其安全性。经过待隐藏信息加密处理后再嵌入，从位平面提取的信息不但不能反映秘密信息的实质，而且多数情况下不能确定 LSB 位平面是否隐藏有秘密信息。

　　增强隐藏信息的安全性的另一方面是经过信息加密后，即使隐藏的信息被某些攻击者从嵌入的信道中检测到，若攻击者不能同时知道加密算法和加密密钥，则仍然无法恢复出嵌入信息的具体内容，从而提高嵌入信息的安全性。而拥有提取密钥的接收者虽然也不能确定秘密信息是否经由一个特定的信道传输过来，但它可用提取算法和提取密钥提取出嵌入在信道中经过加密后的信息，并且通过解密算法和解密密钥解密出信息的明文。

3）提高鲁棒性

　　将秘密信息置乱后隐藏在图像中，不仅起到信息加密的目的，而且可将秘密信息扩散到载体图像的整个区域，从而增强抗击含密图像被剪切和破损攻击的能力[95]，特别是嵌入图像类具有冗余空间的信息时，利用人类视觉的容错能力，当剪切的区域不超过一定范围时不会影响对隐秘信息的理解。将图 3-1（d）和图 3-1（e）分别剪切 1/4 得到图 3-2（a）和图 3-2（b），从图 3-2（a）和图 3-2（b）中提取的图像分别如图 3-2（c）和图 3-2（d）所示，将图 3-2（d）逆置乱后得到图 3-2（e），从图 3-2（e）仍可得到图 3-1（b）的大致内容，而图 3-2（c）却不能做到这一点，其原因是剪切攻击所导致的错误集中于一处必然会严重影响视觉效果。由于人类视觉有容错能力，错误元素越分散，则视觉效果越好。如果这些错误元素分散在整个矩阵中，视觉效果必会变好，可见进行置乱后再嵌入抗剪切的鲁棒性有明显提高。

（a）剪切 1/4 的载密图像 1　　　　　　　　（b）剪切 1/4 的载密图像 2

（c）从图 3-2（a）中提取的图像　　（d）从图 3-2（b）中提取的图像　　（e）图 3-2（d）逆置乱后的图像

图 3-2　置乱对鲁棒性的影响比较

对于隐秘通信，信息置乱还有可以防止成组的或突发的错误的功能。这允许错误在编码字中几乎可以是独立的发生，从而使差错编码在纠正所有码字中的错误时拥有相等的机会。

4）提高图像类数据的嵌入容量

提高嵌入容量可从两个方面实现：①对载体图像进行置乱等加密处理，处理后图像的频谱特性将不再具有低通特性，而具有均匀谱特性。频谱均匀化可以在保持图像总能量和信息量不损失的条件下，使图像的能量散布到所有的频率上。从通信理论的角度来讲，如果把载体图像看成一个信道，那么频谱均匀化处理相当于展宽信道的带宽[96]，使更多的信号可以通过信道传输，进而增加信道容量。②将待嵌入的秘密图像进行加密处理，处理后的秘密图像将不再出现原来的纹理特征，在保持同样的不可感知性要求的前提下，可嵌入更多的信息而不被感知。

3.3　基于 Logistic 混沌映射的数据加密方法

3.3.1　Logistic 映射特性

Logistic 映射是在实际系统中存在的最简单的非线性差分方程，也是一个被广泛研究的动态系统，它能够表现出混沌行为。Logistic 映射最早是由生物学家建立起来的，这种连续时间或离散时间数学模型用来描述物种总量的变化。其连续时间数学模型表达式为

$$\frac{\mathrm{d}x}{\mathrm{d}t} = \mu x(k-x) \tag{3-5}$$

式中，x 表示物种总量，k 是 x 的最大值，μ 是一个环境因素决定的外部参数。与这个模型类似的差分方程为

$$y_{i+1} = \mu y_i(k-y_i) \tag{3-6}$$

用 $x_i = ky_i$ 对式（3-6）所描述的差分方程进行归一化，则差分方程可转化为

$$x_{i+1} = f(x_i) = \mu x_i(1-x_i) \tag{3-7}$$

式中，$0 \leqslant x_i \leqslant 1$, $i \in \mathbf{Z}$, $0 < \mu \leqslant 4$。该映射所产生的序列由 μ 和 x 的初始值 x_0 控制，只要这两个值任何一个出现细微差别，所产生的序列就会完全不同。其中 μ 也称为分支控制参数，对不同的 μ 值系统将呈现不同的特性，如图 3-3 所示。其中横轴表示 μ 的取值范围，纵轴表示 x 的取值范围，图 3-3 为 μ 取不同值迭代 500 次后去掉前面 100 次的结果。

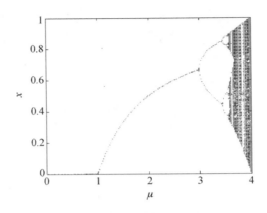

图 3-3　Logistic 映射迭代结果图

由图 3-3 可知，当 $\mu<3.0$ 时，产生的迭代序列为一固定值，即系统的稳态解为不动点，即解的周期为 1；当 $\mu>3.0$ 时，系统的稳态解由周期 1 变为周期 2，这是一个一分为二的分叉过程；当 $\mu\geqslant3.449$ 时，系统的稳态解由周期 2 变为周期 4；当 $\mu>3.544$ 时，系统的稳态解由周期 4 变为周期 8，随着参数 μ 的不断增大，周期数不断加倍，产生的序列值周而复始地在有限个周期轨道之间重复；当 $\mu\geqslant3.570$ 时，系统进入混沌状态。即由初始条件 x_0 经过 Logistic 映射所产生的序列 $\{x_n\},n=1,2,3,\cdots$，是非周期、不收敛的，并对初始条件敏感。

由于混沌具有伪随机性，所以可以利用概率统计的方法定量地研究混沌序列的特性。式 (3-7) 在满映射 $(\mu=4)$ 时生成的混沌序列的概率分布密度函数可表示为

$$\rho(x)=\begin{cases}\dfrac{1}{\pi\sqrt{x(1-x)}}, & 0<x<1\\ 0, & \text{其他}\end{cases} \tag{3-8}$$

通过式 (3-8)，可以容易地计算出式 (3-7) 所产生的混沌序列有如下特性。

(1) 对于任意初始值产生的混沌序列的均值为

$$\bar{x}=\lim_{N\to\infty}\frac{1}{N}\sum_{i=0}^{N-1}x_i=\int_0^1 x\rho(x)\,\mathrm{d}x=\frac{1}{\pi}\int_0^1\frac{x}{\sqrt{x(1-x)}}\mathrm{d}x$$

$$=\frac{1}{\pi}\left[\sqrt{x(1-x)}-\arcsin\sqrt{1-x}\,\right]_0^1=0.5 \tag{3-9}$$

式中，N 为混沌序列的长度。

(2) 自相关间隔 $m=0$ 时的相关函数为

$$\mathrm{ac}(0)=\lim_{N\to\infty}\frac{1}{N}\sum_{i=0}^{N-1}x_i^2=\int_0^1 x^2\rho(x)\,\mathrm{d}x=1 \tag{3-10}$$

(3)自相关间隔 $m \neq 0$ 时的相关函数为

$$\mathrm{ac}(0)=\lim_{N\to\infty}\frac{1}{N}\sum_{i=0}^{N-1}x_i x_{i+m}=\int_0^1 x f^m(x)\rho(x)\,\mathrm{d}x=0 \qquad (3\text{-}11)$$

式中，$f^m(x)$ 表示 x 迭代 m 次的结果。

(4)独立选取两个初始值 x_0 和 $y_0(x_0 \neq y_0)$ 所产生的两个混沌序列的相关函数为

$$\mathrm{cor}(x_0,y_0)=\lim_{N\to\infty}\frac{1}{N}\sum_{i=0}^{N-1}(x_i-\overline{x})(y_i-\overline{y})$$
$$=\int_0^1\int_0^1 xy\rho(x)\rho(y)\mathrm{d}x\mathrm{d}y=0 \qquad (3\text{-}12)$$

Logistic 映射产生的序列的上述性质表明，混沌序列具有良好的自相关特性和互相关特性，其统计特性等同于白噪声，因而被应用于数字通信和多媒体数据安全等领域，并作为密钥流序列。该系统具有以下优点。

(1)只需要混沌映射参数和初始条件就可方便地生成，不必浪费空间来存储整个序列。

(2)由于混沌映射对初值的敏感性，只需要选取不同的初值就可以获得不同的混沌序列，而且数量极多。

(3)与白噪声有很多的相似之处，可以用于需要噪声调制的众多应用场合。

由于 Logistic 映射产生的序列是实值序列，所以将其作为密钥流序列还需进行一定的处理，处理的方法有多种。当分支控制参数 $\mu=4$ 时，x_i 的分布概率关于 $x=0.5$ 偶对称[97]。给定一个初值 x_0，由式 (3-7) 可产生实值序列 $\{x_i\}$，$i=0,1,2,\cdots$，并由式 (3-13) 获得混沌序列 $\{a_i\}$，其表达式为

$$a_i=\begin{cases}1, & x_i>0.5\\ -1, & x_i\leqslant 0.5\end{cases} \qquad (3\text{-}13)$$

式中，$a_i\in\{1,-1\}$，$i=0,1,2,\cdots$。

如果采用二进制数据与混沌序列通过异或运算进行加密，则需要将式 (3-13) 变换为

$$b_i=\begin{cases}1, & x_i>0.5\\ 0, & x_i\leqslant 0.5\end{cases} \qquad (3\text{-}14)$$

3.3.2　Logistic 映射的安全问题

Logistic 映射有以下安全问题。

(1)混沌区存在一些空白的窗口，这种窗口与初始值的选择无关，而只与分支控制参数 μ 相关，即不管初始值为多少这种空白窗口都是存在的。最大的空

白窗口是周期 3 窗口，它出现在 μ=3.828 的地方。周期 3 窗口附近还有周期 7
窗口和周期 9 窗口等多种周期窗口，在混沌的 2 带区则有 2×3，2×5，2×7 等周
期窗口；在 2^n 带区中有 2^n×3，2^n×5，2^n×7 等周期窗口，如图 3-4 所示。在这些
窗口中产生的序列只有少数几个值，因此这种序列几乎没有随机性，用它来加
密就没有安全性。由于这种周期窗口太多，所以在选择分支控制参数 μ 时，就
存在很大困难，一不小心就会碰上一个周期窗口上的参数，从而存在很大安全
隐患。

(2)存在明显的"稳定窗"，即产生的序列的值聚集于某个区间，而其他区间
内则是空白。从图 3-3 和图 3-4 都可以看出当 $\mu<4$ 时，所产生的序列均不能布满
(0, 1)区间。例如，μ = 3.735 时，迭代 4000 次所产生的序列的取值仅局限于(0.2311,
0.9377)区间，如图 3-5 所示(去掉了序列最前面的 100 项)。稳定窗导致的安全问
题虽然没有空白窗口那么严重，但仍然可导致严重的安全问题。要使 Logistic 映
射达到安全所需要的遍历性要求，μ 只能取 4，而不能作为密钥参数使用，这使得
密钥空间变小，安全性降低。

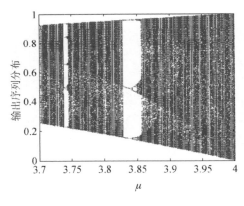 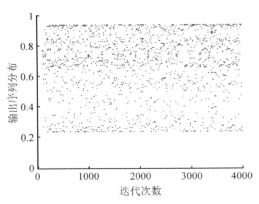

图 3-4　Logistic 映射迭代产生的空白窗口　　图 3-5　μ=3.735 时 Logistic 映射迭代散点图

(3)所产生的序列在整个(0, 1)范围内不具备均匀分布特性，当 $\mu<4$ 时，产生
的序列不能布满(0, 1)区间；当 $\mu=4$ 时，所产生的序列虽然能布满(0, 1)区间，但
分布仍是不均匀的，如图 3-6 所示。图 3-6(a)和图 3-6(b)为当 μ 分别取 3.735 和 4，
而迭代初始值取 0.5161 时迭代 10000 次所产生的序列的直方图，从图中可以看出
序列中，靠近 0 和靠近 1 的分布密度要远高于靠近 0.5 的分布密度。由于 Logistic
映射的分布不均匀特性，将直接导致算法的加密效率低下，更严重的情况可能直
接导致算法失败。

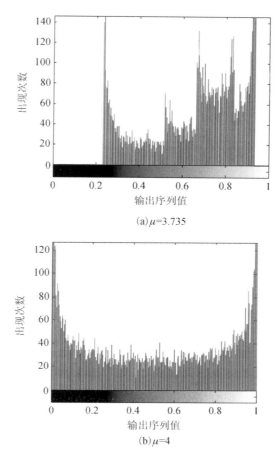

(a) μ=3.735

(b) μ=4

图 3-6　Logistic 映射输出序列的分布特性

3.3.3　改进算法

从图 3-3 和图 3-4 可以看出，随着参数 μ 的不断增大，输出序列的遍历性变好，空白窗口也变小，同时分布变得更均匀，所以为了得到随机性更好的一致分布的随机系统，分支控制参数 μ 应尽可能大，但如果参数 μ 超过 4，则输出的序列会变为无界，并且经过有限次迭代后输出的值就会超过计算机所能表示的范围而出现溢出，也正因为如此，式(3-7)有一个 $\mu \leqslant 4$ 的限定条件。如果式(3-7)用一个大于 4 的分支控制参数进行替代，则产生的序列虽然超过(0, 1)这个范围，但仍然是一个类随机实数序列，考虑到一个超过(0, 1)范围的随机实数序列，其小数部分也是随机的，也就是说用一个大于 4 的分支控制参数用式(3-7)进行替代时，其小数部分也是一个伪随机序列，其特性与用 μ=4 时产生的序列的特性完全相同。

但用$\mu>4$的分支控制参数进行迭代时，当次数超过一定值后，会出现溢出，但这个问题容易解决，方法是进行下一次迭代时先去掉整数部分再继续用式(3-7)进行替代，仍可得到随机序列。根据此思想对式(3-7)进行改进，提到一种新的映射表达式，即

$$x_{n+1} = f(x_n) = (\mu \times k \times x_n (1-x_n)) \bmod 1 \qquad (3\text{-}15)$$

式中，mod 1 表示取小数部分。对迭代产生的数据进行 mod 1 运算，能使超过 1 的数据折回到(0, 1)区间，防止输出的序列变为无界。

　　式(3-15)中当$k>1$时类似于用一个大于 4 的分支控制参数用式(3-7)进行迭代，计算复杂度与式(3-7)相当，但能保证输出的序列有界。在实际应用时，可将$\mu \times k$当成一个参数，而将μ和k分别作为两个独立的参数只是便于与式(3-7)进行比较。

　　比较式(3-15)与式(3-7)，表面上看每次迭代过程中式(3-15)比式(3-7)在计算复杂度上多了 1 次乘法运算和 1 次取模运算，但实际上在参数μ和k已选定后，可以将$\mu \times k$先计算好，在每次迭代时当成一个参数使用，也就是说用式(3-15)进行混沌迭代时，每次迭代运算的计算量为 2 次乘法、1 次减法和 1 次取模运算，比式(3-7)仅多了 1 次去掉整数部分取模运算，这种取模运算的计算时间远小于乘法运算，因此用式(3-15)进行迭代与用式(3-7)进行迭代的时间基本一致，即改进算法与直接用 Logistic 映射的计算复杂度相同。

3.3.4　实验结果与分析

　　图 3-7 为$k = 668.6$，迭代初始值取$x_0 = 0.5161$，μ仍在(0, 4]内取不同值的迭代输出结果，其中横坐标为μ的取值，纵坐标为序列的分布图。与图 3-3 相比较，可以明显看出输出的序列没有出现不动点和在几个固定值之间变化的现象，而是直接进入了混沌状态。

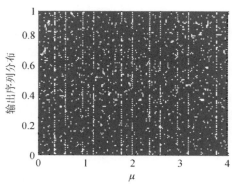

图 3-7　改进的映射迭代结果图

为检验输出序列的均匀性，k 取 668.7，μ 分别取 3.735 和 4，而迭代初始值取 0.5161 时所产生的序列的直方图分别如图 3-8(a) 和图 3-8(b) 所示，与图 3-6(a) 和图 3-6(b) 比较有明显改善，输出的序列的分布基本上是均匀的。实验表明用式(3-15)进行迭代时，只要 $\mu \times k$ 的值在 2600 以上，就能解决 Logistic 映射所存在的空白窗口问题和遍历性差的问题，同时输出的序列分布很均匀。

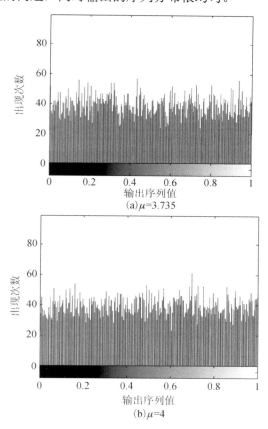

图 3-8　改进的映射输出序列的分布特性

为检验式(3-15)是否仍具有式(3-7)那样的初值敏感性，k 取 668.7，μ 取 3.735，迭代初始值分别取 $x_0 = 0.5161$ 和 $x_0 = 0.51611$ 进行实验，得到的两个序列分别如图 3-9(a) 所示，而同样的参数用式(3-7)得到的两个序列如图 3-9(b) 所示，其中实线代表初值为 0.5161 的映射曲线，虚线代表初值为 0.51611 的映射曲线，它们的差值如图 3-10 所示，可见虽然初始值的变化仅为 0.00001，但得到的却是完全不同的序列，取模处理不影响正常工作。混沌映射曲线都表现出很好的随机性。从

图 3-9 还可以看出由改进算法产生的序列经过大约 3 次迭代后就呈现出明显的差别，而 Logistic 映射则需要经过 30 次左右的迭代才呈现出明显的差别，这说明改进算法对初值的敏感性比 Logistic 映射更好。

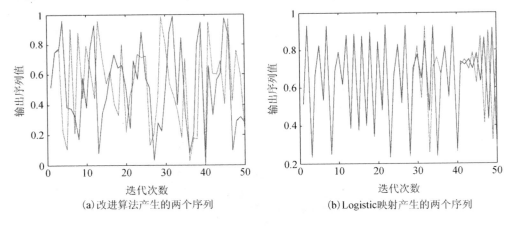

(a)改进算法产生的两个序列　　　　　　(b)Logistic映射产生的两个序列

图 3-9　初值不同的两个序列

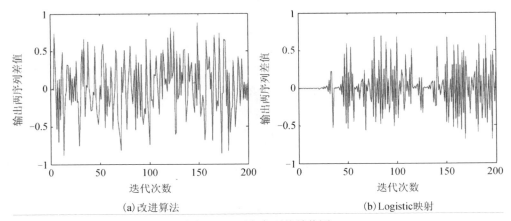

(a)改进算法　　　　　　　　　　(b)Logistic映射

图 3-10　两个序列的差值图

由改进算法所得的输出序列不仅在时间方向上比 Logistic 映射随机性好，而且在空间方向上也具有了混沌行为。图 3-11 给出了 Logistic 映射的相空间与改进算法的相空间对比图，从图 3-11(a)看出，Logistic 映射的相空间结构是一种简单的单峰结构，这使密码分析者可以用神经网络、重构相空间法或非线性回归法进行逼近分析和预测混沌信号，从而可能失去混沌序列的安全性，改进算法克服了这一问题。

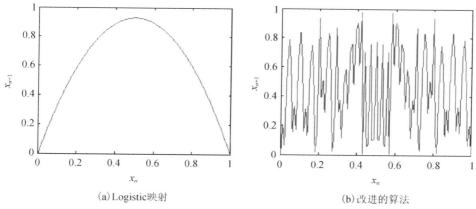

(a) Logistic 映射　　　　　　　　　　(b) 改进的算法

图 3-11　混沌映射的相空间结构图

　　改进算法的密钥空间比 Logistic 映射增大了很多。用式 (3-7) 进行迭代要产生遍历 (0，1) 的序列，分支控制参数 μ 必须取 4，因此用式 (3-7) 进行迭代实际只有迭代初始值一个参数，并且是在范围为 (0，1) 内的一个实数，在理论上讲这种参数可以有无穷多个，但受数字化和计算机有限精度位的约束，如果参数用 15 位小数的双精度实数表示，则该参数的可能取值种数为 10^{15}，只相当于二进制的 50 bit 密钥，其空间并不大。而用式 (3-15) 进行迭代时，多了一个参数 k，k 的取值可以是大于 1 的任意实数，如果参数 k 的尾数也用 15 位小数的双精度实数表示，则式 (3-15) 的密钥空间至少能达到 100 bit，因此密钥空间大幅度提高。

　　为检验算法的实际加密效果，采用式 (3-15) 产生的混沌序列对图 3-12 (a) 的图像进行加密，加密算法如下。

　　(1) 采用式 (3-15) 产生一组混沌序列，舍去混沌序列的前 10 个值。

　　(2) 利用式 (3-14) 对生成的混沌序列进行二值化，对生成的二值混沌序列进行字节组合，每 8 位组成一个字节 (Byte，B)，取最后生成的字节数等于图像的大小。

　　(3) 将步骤 (2) 中生成的字节向量排列成二维的矩阵，它的列数和行数与图像的宽度和高度相同。

　　(4) 把图像的数据与生成的二维矩阵进行异或运算，就得到了置乱后的图像。

　　k 取 668.7，μ 取 3.735，迭代初始值取 $x_0=0.5161$，加密后的图像如图 3-12 (b) 所示。可以看出经过异或运算后，图像变成一幅杂乱无章、完全无法识别的图像，在图 3-12 (b) 中已见不到图 3-12 (a) 的任何痕迹，而用同样的方法和同样的参数 (μ 取 3.735，迭代初始值取 $x_0=0.5161$)，只是将上面步骤 (1) 中的式 (3-15) 改为式 (3-7) (即直接使用 Logistic 映射)，则加密后的图像如图 3-12 (c) 所示。可见直接使用 Logistic 映射产生的序列作为密钥序列进行加密时仍可看到原始图像的痕迹，用它来加密图像是存在一定的安全问题的。图 3-12 (a)、图 3-12 (b) 和图 3-12 (c) 的直方图分别为图 3-13 (a)、图 3-13 (b) 和图 3-13 (c)。

(a)原始图像

(b)改进算法的加密结果

(c)Logistic 映射的加密结果

图 3-12　图像加密对比图

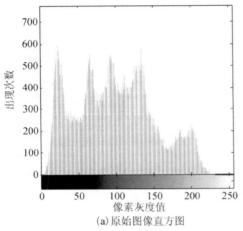
(a)原始图像直方图

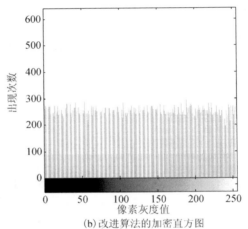
(b)改进算法的加密直方图

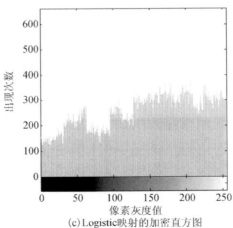
(c)Logistic映射的加密直方图

图 3-13　图像加密对比图

从图 3-12 和图 3-13 可以看出，改进算法加密后的图像不但在视觉上有比较好的加密效果，而且直方图的特性也发生了根本性的变化，呈现出噪声特性，而直接使用 Logistic 映射虽然直方图也发生了改变，但还不是噪声特性。

加密图像的解密十分简单，其步骤和方法与加密完全相同，只是将原来待加密的图像改为加密后的图像即可。

（1）采用式（3-15）产生一组混沌序列，舍去混沌序列的前 10 个值。

（2）利用式（3-14）对生成的混沌序列进行二值化，对生成的二值混沌序列进行字节组合，每 8 位组成一个字节，最后生成的字节数等于图像的大小。

（3）将步骤（2）中的字节向量排列成二维的矩阵，使它的列数和行数与图像的宽度和高度相同。

（4）把加密后图像的数据与生成的二维矩阵进行异或运算，就得到了解密后的图像。

在解密过程中，即便加密的图像受到噪声或污损等情况，也只影响受到噪声或污损的像素点的恢复，而对其他像素点不构成影响。图 3-14（a）为图 3-12（b）受到 5%的椒盐噪声污染后的图片，图 3-14（b）为图 3-14（a）的解密结果。

（a）受到 5%的椒盐噪声污染后的图像　　　　　　　　　　（b）解密的图片

图 3-14　受污损图像的解密结果

3.4　基于混沌映射的图像置乱

3.4.1　混沌置乱的概念

图像置乱是对一幅给定的数字图像的像素矩阵进行特殊的行列变换，改变各像素在矩阵中的位置，将其变成一幅杂乱无章的图像，使其所要表达的真实信息无法直观得到。图像置乱的目的主要有两个：①加密处理。当隐写算法被隐写攻击者攻克后，即使提取了隐藏的秘密信息，在不知道置乱密钥的情况下仍然不能恢复出秘密图像，如果用穷举的方法进行破译攻击，其时间复杂度应为 $O((n \times m)!)$

量级（$n \times m$ 表示图像的像素数），只要图像不是太小这在计算上是不可行的。因此，将置乱作为图像加密的一种方法从安全的角度考虑是可行的。若知道了置乱的方法和所采用的参数，则只要进行逆置乱变换，就可恢复原始机密图像，其置乱和逆置乱变换的时间复杂度一般不超过 $O(n \times m)$ 量级，在时间上均可实时进行。因此，从时间角度看，置乱变换也可作为图像加密的方法，可有效提高算法的安全性。②图像被置乱后是一个无法读取的杂乱信息，可被抽象成一些随机的信息，没有任何明显可统计的特征（如形状、纹理色彩等），在被隐藏到另一幅图像中时不会出现容易识别的形状或纹理现象，从而提高其不可感知性。除此之外，对于 DCT 域的嵌入算法也经常用置乱技术对载体图像进行置乱处理，其目的在于将图像白噪声化，使载体图像的能量能够均匀分布。如果把图像视为信道，那么置乱将增大这个信道的带宽，这对于数据的嵌入来说就意味着为嵌入提供了更多的空间。普遍认为，针对大幅图像的信息隐藏问题，图像的置乱处理是基础性的工作。目前人们使用较多的置乱技术主要有 Arnold 变换、幻方、Hilbert 曲线、Conway 游戏、Tangram 算法、IFS 模型、Gray 码变换、广义 Gray 码变换等[98]，其中使用最广的为 Arnold 变换。这些算法各有优缺点，综合表现为置乱速度与安全性不能很好地兼顾，因此如何提高置乱算法的置乱速度，同时保证它有较高的安全性，已成为信息置乱技术研究中的重点和难点。

3.4.2　图像置乱程度衡量方法

　　一般来说，图像置乱的效果越好，将其作为秘密信息隐藏在载体信息后，其隐蔽性越好，抗检测能力越高；而将其作为水印嵌入到被保护媒体后则鲁棒性越强。因此，对置乱程度的研究在信息隐藏领域有着重要的理论和实际意义。这里所谈的置乱程度，主要是指相对于图像信息的直观杂乱效果而言的，而与解密的难易程度无关。但是，目前仍缺少一种十分有效地衡量这些方法的置乱加密效果（置乱程度）和反映加密次数与置乱加密效果关系的方法。

　　从直观上讲，进行置乱变换时，原图像的像素位置移动得越远，则其置乱程度越大。因此自然想到用各像素点移动的平均距离来定义置乱程度。假定 $m \times n$ 的图像 A 中坐标为 (i, j) 的像素经置乱变换到了图像 B 中的 (i', j') 处，则该变换对图像 A 的置乱程度可用各像素点移动的平均距离的衡量方法表示为

$$\delta = \frac{1}{m \times n} \sum_{i=1}^{m} \sum_{j=1}^{n} \sqrt{(i-i')^2 + (j-j')^2} \tag{3-16}$$

　　式（3-16）能在一定程度上衡量图像的置乱程度，但它随着图像的增大而增加，这是因为图像越大，像素的移动距离可能变得越大。置乱程度应是所使用的置乱方法好坏的衡量标准，应与图像的大小无关。为克服式（3-16）的这一缺点，需要

对式(3-16)进行归一化处理,为此文献[52]提出了如下一种能进行归一化处理的置乱程度表示方法, 即

$$\delta = \frac{1}{(m \times n)^{3/2}} \sum_{i=1}^{m} \sum_{j=1}^{n} \sqrt{(i-i')^2 + (j-j')^2} \tag{3-17}$$

式(3-17)表示置乱程度与图像的大小无关, 它仅是置乱方法好坏的一个定量描述。

对大多数自然图像而言, 图像有大量的平滑区域, 各个像素值之间的差别不大, 尤其对于相邻区域, 像素值的过渡都比较平缓(除了纹理区)。而图像在置乱后, 图像各个像素趋于随机分布, 不同像素值的像素交错分布, 而且不再存在大面积像素值相近的平滑区域, 即图像在置乱前后相邻像素之差的变化会非常明显。基于这一特点, 人们提出相邻灰度差置乱这一概念。所谓相邻灰度差置乱就是将图像的各个像素置乱, 使其分布呈现这样一种态势: 即任一像素与四周相邻像素的像素值之差尽量趋于较大的值, 其值越大则说明相邻灰度差置乱效果越好。根据这一思想, 文献[99]提出了一种基于置乱前后像素值变化的置乱程度衡量方法, 它可表示为

$$\delta = \frac{w(I')-w(I)}{w(I')}, \quad w = \sqrt{N_1 + N_2 + N_3 + N_4} \tag{3-18}$$

式中, I 为置乱前图像; I' 为置乱后的图像; N_1, N_2, N_3 和 N_4 分别为图像的水平、垂直、主对角线和次对角线相邻元素差值的平方和。

以上两类方法都是基于整体图像的方法, 即把所有像素点放在一起考虑, 这并不能有效地衡量图像置乱程度, 因为如果图像整体或局部发生同样变化, 或者向一个方向移动, 那么以整体来考虑就不适合。

图像是由各个像素点组成的, 相邻点之间都存在或大或小的相关性, 原始图像因为各点存在一个渐变的过程, 所以相邻点间的相关性较大; 而经过置乱后的图像因为位置的改变, 相应像素值也发生了变化, 所以相关性就会随之减小。文献[100]根据图像相邻点相关性的判断提出了图像置乱程度衡量方法, 可表示为

$$\delta = \frac{\sum_{i=1}^{m} \sum_{j=1}^{n} s_{i,j}}{255^2 \times m \times n} \tag{3-19}$$

式中

$$s_{i,j} = \sum_{z=-1}^{1} \left| (p'_{i+z,j} - p'_{i,j})^2 - (p_{i+z,j} - p_{i,j})^2 \right| + \left| (p'_{i,j+z} - p'_{i,j})^2 - (p_{i,j+z} - p_{i,j})^2 \right| \tag{3-20}$$

式中, $p'_{i,j}$ 和 $p_{i,j}$ 分别代表置乱前和置乱后的像素值; $s_{i,j}$ 为坐标为(i,j)的像素点与其上下左右四个相邻点的相关性。该方法的评价结果与人类的视觉具有比较好的一致性。

3.5　基于 Arnold 变换的快速安全的图像置乱算法

3.5.1　Arnold 变换及其安全性分析

Arnold 变换是 Arnold 在研究环面上的自同态时提出的，可以表示为

$$\begin{pmatrix} x_{i+1} \\ y_{i+1} \end{pmatrix} = \begin{pmatrix} 1 & 1 \\ 1 & 2 \end{pmatrix} \begin{pmatrix} x_i \\ y_i \end{pmatrix} (\bmod 1) = \mathbf{C} \begin{pmatrix} x_i \\ y_i \end{pmatrix} (\bmod 1) \tag{3-21}$$

式中，mod1 表示取小数部分。

Arnold 变换为混沌映射，它具有非常典型的产生混沌运动的几个特性：拉伸（乘以矩阵 $\mathbf{C}$ 使 x, y 都变大）和折叠（取模使 x 和 y 又折回单位矩阵内），除此之外，它还有可逆性和周期性，由于 Arnold 变换的混沌运动的特性，使它比较适合于二维数字图像的置乱处理。考虑到数字图像的需要，基于位置的图像置乱的 Arnold 变换可改写为

$$\begin{pmatrix} x_{i+1} \\ y_{i+1} \end{pmatrix} = \begin{pmatrix} 1 & 1 \\ 1 & 2 \end{pmatrix} \begin{pmatrix} x_i \\ y_i \end{pmatrix} (\bmod N) = \mathbf{C} \begin{pmatrix} x_i \\ y_i \end{pmatrix} (\bmod N) \tag{3-22}$$

式中，$x, y \in (0, 1, 2, \cdots, N-1)$，表示某一像素点的坐标，而 N 是图像矩阵的阶数。

采用式 (3-22) 进行置乱处理时，为使置乱后的图像有较好的随机效果，需要进行多次置乱处理。由于 Arnold 变换具有周期性，经过一定次数的置乱处理后会变回变换前的图像，所以很多算法利用置乱变换的周期来恢复图像信息，同时攻击者也可利用其周期性来进行穷举攻击。式 (3-22) 的周期性与 N 的取值有关，它等于以 N 的两两互素的因数为模的变换的周期之最小公倍数[101]。表 3-1 是 Arnold 变换在不同 N 下的周期。

表 3-1　图像大小与 Arnold 变换周期

N	2	4	5	8	10	16	32	64	100	128	256	512
周期次数	3	3	10	6	30	12	24	48	150	96	192	384

从表 3-1 中可以看出 Arnold 变换的周期并不长，攻击者只需要进行为数不多的有限次置乱处理，就可恢复到置乱前的图像，即密钥空间比较小，因此 Arnold 变换的周期性使得其安全性较低。除了 Arnold 变换，多数置乱算法也同样存在周期性[4]，只是周期的长度有差异而已，并且这种差异是线性的，因此也同样存在安全性低的问题。

另外，采用 Arnold 变换对图像进行置乱时，由于只是各像素点的位置发生了改变，图像像素的灰度值并没有发生改变，所以图像的直方图特征也保持不变。

置乱后的图像的直方图与原始图像的直方图完全相同，会存在安全隐患，因此这也是 Arnold 变换的另一个安全问题。

3.5.2　算法思路

为达到快速置乱和恢复的目的，需要将多次置乱的过程改为一次完成。如果用周期性来恢复原图，则势必要等很长时间才能完成这一工作。为快速又准确地恢复置乱后的图像，不能利用它的周期性来恢复原图，而要用其逆运算来进行恢复工作[102]，这要求置乱矩阵一定有逆矩阵，并且矩阵中的元素最好为整数以保证恢复的准确性。置乱后的图像的隐秘性只能依赖于置乱的次数，为保证安全性，应该使用变换矩阵中相关元素的值作为密钥，以增大密钥空间；同时为防止与统计特性相关的攻击，除了进行像素的位置空间置乱，还要进行色度的置乱。

使用式 (3-22) 对图像进行置乱处理时，一般需要十几次的反复置乱才能达到比较好的效果。很显然置乱次数越多，置乱所花费的时间就越多，置乱的速度就越慢，要提高置乱速度就需要减少置乱的次数。根据式 (3-22) 可知

$$\begin{pmatrix} x_{i+1} \\ y_{i+1} \end{pmatrix} = \boldsymbol{C} \begin{pmatrix} x_i \\ y_i \end{pmatrix} (\text{mod } N) = \boldsymbol{C}^2 \begin{pmatrix} x_{i-1} \\ y_{i-1} \end{pmatrix} (\text{mod } N) = \cdots = \boldsymbol{C}^{i+1} \begin{pmatrix} x_0 \\ y_0 \end{pmatrix} (\text{mod } N) \tag{3-23}$$

因此可知存在矩阵 $\boldsymbol{C}'$，采用式 (3-24)，即

$$\begin{pmatrix} x_{i+1} \\ y_{i+1} \end{pmatrix} = \boldsymbol{C}' \begin{pmatrix} x_0 \\ y_0 \end{pmatrix} (\text{mod } N) \tag{3-24}$$

进行一次置乱处理，其置乱效果就等效于用式 (3-22) 进行多次置乱处理，例如 $\boldsymbol{C}' = \begin{pmatrix} 1 & 1 \\ 1 & 2 \end{pmatrix}^{16} \text{mod } 256 = \begin{pmatrix} 221 & 5 \\ 5 & 226 \end{pmatrix}$ 时，用式 (3-24) 对 N 为 256 的图像进行 1 次置乱处理就相当于用式 (3-21) 进行 16 次置乱，从而达到快速置乱的目的。

使用式 (3-24) 进行置乱时，似乎置乱后的图像的隐秘性取决于矩阵 $\boldsymbol{C}'$ 的各元素的取值，但实际上在不知道 $\boldsymbol{C}'$ 的情况下，只要使用式 (3-22) 继续进行置乱处理，仍然可以将置乱后的图像恢复成原始图像，即用式 (3-24) 置乱后仍可用式 (3-22) 进行穷举恢复，并且用式 (3-24) 置乱后进行穷举恢复的计算量不超过用式 (3-22) 置乱后的图像进行穷举恢复的计算量。由表 3-1 可知，对于 512×512 像素的图像，其穷举恢复难度仍然较低。由此可见用式 (3-24) 进行置乱时，虽然可比式 (3-22) 提高了置乱速度，但因密钥空间过小，不能抵御穷举攻击。

为有效地阻止穷举恢复，将式 (3-22) 进一步推广[5,103]为最一般的二维可逆保面积方程，即

$$\begin{pmatrix} x_{i+1} \\ y_{i+1} \end{pmatrix} = \begin{pmatrix} a_{11} & a_{12} \\ a_{21} & a_{22} \end{pmatrix} \begin{pmatrix} x_i \\ y_i \end{pmatrix} (\text{mod } N) = \boldsymbol{A} \begin{pmatrix} x_i \\ y_i \end{pmatrix} \text{mod } N \tag{3-25}$$

式中，$a_{uv} \in \{1, 2, \cdots, N\}$，$u, v = \{1, 2\}$；$a_{11} a_{22} - a_{12} a_{21} = \pm 1$，且矩阵 $\boldsymbol{A}$ 的特征值 $\lambda_1, \lambda_2 \notin \{-1,$

0,1}，推广的式 (3-25) 仍然具有混沌映射的特性[104]。当矩阵 A 取不同的值时，置乱效果就会不同，因此矩阵 A 的取值可作为密钥使用，从而可增大密钥空间，进而提高抵抗穷举攻击的能力。用矩阵 A 作为密钥时的密钥空间与 N 的大小有关，表 3-2 为 N 取不同值时矩阵 A 相应的密钥空间，可见用变换矩阵的取值作为密钥时其密钥空间远大于用变换次数作为密钥时的密钥空间。

表 3-2　用变换矩阵参数作密钥时的有效密钥空间

N	2	4	5	8	10	16	32	64	100	128	256	512
密钥空间	2	14	28	70	106	286	1230	4910	11974	19830	79278	318382

用式 (3-25) 进行置乱处理时，只是对各像素的位置进行变换，对各像素的值并没有进行改变，置乱后的直方图与原始图像的直方图完全相同，仍然存在安全隐患，为解决像素值的变换问题，将 Arnold 变换推广到三维

$$\begin{pmatrix} x_{i+1} \\ y_{i+1} \\ z_{i+1} \end{pmatrix} = \begin{pmatrix} a_{11} & a_{12} & 0 \\ a_{21} & a_{22} & 0 \\ a_{31} & a_{32} & 1 \end{pmatrix} \begin{pmatrix} x_i \\ y_i \\ z_i \end{pmatrix} (\mathrm{mod}\,N) = A \begin{pmatrix} x_i \\ y_i \\ z_i \end{pmatrix} (\mathrm{mod}\,N) \tag{3-26}$$

式中，$a_{uv} \in \{1, 2, \cdots, N\}$，$u, v = \{1, 2, 3\}$；$a_{11}a_{22} - a_{12}a_{21} = \pm 1$，且矩阵 A 的特征值 $\lambda_1, \lambda_2 \notin \{-1, 0, 1\}$，而

$$A^{-1} = \begin{pmatrix} a_{11} & a_{12} & 0 \\ a_{21} & a_{22} & 0 \\ a_{31} & a_{32} & 1 \end{pmatrix}^{-1} = \begin{pmatrix} a_{22}/d & -a_{12}/d & 0 \\ -a_{21}/d & a_{11}/d & 0 \\ (a_{21}a_{32}-a_{31}a_{22})/d & (a_{12}a_{21}-a_{11}a_{32})/d & 1 \end{pmatrix} \tag{3-27}$$

式中，$d = a_{11}a_{22} - a_{12}a_{21}$。

由约束条件可知，对于式 (3-26) 满足 $\det A = 1$，矩阵 A 的逆矩阵的各元素均为整数，因此式 (3-26) 为保体积映射，且能进行通过逆运算准确进行置乱后的恢复。

3.5.3　算法描述

1) 置乱算法

设需要置乱的图像为 $P = (p_{x,y})_{N \times N}$，置乱算法如下。

(1) 根据约束条件选取合适的参数 $c_{11}, c_{12}, c_{21}, c_{22}$，得到满足式 (3-23) 所要求的矩阵 C。

(2) 选取参数 k_1，计算 $C' = C^{k_1} \mathrm{mod}\, N$。

(3) 用式 (3-24) 对图像 P 进行 1 次置乱得到 P'。

(4) 将置乱后的图像 P' 分成大小相同的 m 个子块，设这些子块分别 $P_1, P_2,$ $\cdots, P_m$。子块的数量和每个子块的大小通过密钥 k_2 控制，但在分块时需要注意保

证每个子块为方块，设子块大小分别为 $N_1 \times N_1$。

(5)计算 $h_1 = \overset{N}{\underset{x=1}{\oplus}} \overset{N}{\underset{y=1}{\oplus}} p_{x,y}$，$h_2 = \sum\limits_{x=1}^{N} \sum\limits_{y=1}^{N} p_{x,y} \bmod 256$，即分别得到图像的所有像素灰度值的按位异或结果再进行模 256 加的结果。

(6)令 $a_{31} = h_1$，$a_{32} = h_2$，并根据约束条件选取合适的参数 $a_{11}, a_{12}, a_{21}, a_{22}$，得到满足式(3-26)所要求的矩阵 A。

(7)根据式(3-26)对图像的子块 $P_1, P_2, \cdots, P_m$ 各进行 1 次置乱得到 $P_1', P_2', \cdots, P_m'$。

(8)将置乱后的各子块 $P_1', P_2', \cdots, P_m'$ 进行组合得到最终置乱图像 P^*。

在处理过程中，使用图像的所有像素灰度值的按位异或结果和模 256 加的结果作为三维置乱的控制参数，其目的是保证算法对明文(原始图像)的敏感性，只要原始图像有一个比特的不同，最终得到的置乱图像就会完全不同。置乱过程的第(1)步和第(2)步从理论上讲可合并为一步，即直接选取符合置乱效果的置乱矩阵 C'，但这会大大增加选取参数的难度。

在置乱过程中使用式(3-26)时，z_i 代表相应像素点的色度空间，但根据式(3-26)可知，一个像素点的各级色度参数置乱后会集中在另一个像素点中，因此 z_i 也可直接使用灰度值(相当于对像素值进行变换运算)。z_i 代表的含意不同时，进行模运算时的取值也会不一样，当代表色度空间时为 8(假设图像的色深度为 8)，代表灰度值时为 256。考虑到当 z_i 代表色度空间时，对一个像素点需进行 8 次置乱处理，而当 z_i 代表像素值时，只要进行一次置乱处理即可，因此为提高置乱速度，本算法中用 z_i 代表像素的灰度值。但不管 z_i 是代表色度空间还是灰度值，x_i 和 y_i 仍然代表像素点的空间坐标，进行模运算时的取值由子块的空间大小决定，即为 N_1。由于子块 $P_1, P_2, \cdots, P_m$ 合起来的大小刚好等于未分块的图像的大小，所以置乱过程的第(7)步的计算量相当于对原始图像用式(3-26)进行 1 次置乱。

2)恢复算法

置乱后的图像的恢复比较简单，基本就是置乱处理的逆过程，在置乱的恢复中需要参数 $c_{11}, c_{12}, c_{21}, c_{22}, a_{11}, a_{12}, a_{21}, a_{22}, h_1, h_2, k_1, k_2$，其恢复算法如下。

(1)根据 $c_{11}, c_{12}, c_{21}, c_{22}, a_{11}, a_{12}, a_{21}, a_{22}, h_1, h_2, k_1$ 计算矩阵 A 和 C' 的逆矩阵 A^{-1} 和 C'^{-1}。

(2)根据置乱时的分块方法和参数 k_2，将 P^* 分成 m 个子块 $P_1', P_2', \cdots, P_m'$。

(3)将式(3-26)中的 A 用其逆矩阵 A^{-1} 代替，用式(3-26)对 P^* 的各子块 $P_1', P_2', \cdots, P_m'$ 进行反变换得到 $P_1, P_2, \cdots, P_m$。

(4)将 $P_1, P_2, \cdots, P_m$ 进行组合，得到图像 P'。

（5）将式（3-24）中的 C' 用其逆矩阵 C'^{-1} 代替，用式（3-24）对 P' 进行反变换得到图像 P。

3.5.4　实验结果与分析

为检验置乱效果，根据相邻像素点相关性用式（3-18）来判断衡量图像置乱程度。用式（3-22）对如图 3-15（a）所示的 256×256 的原始图像进行置乱，其对应的直方图如图 3-15（b）所示。置乱次数与置乱程度的关系如图 3-16（a）所示，置乱度最大值 δ_{max}=0.5547，置乱周期为 192，一个置乱周期内的置乱度平均值 δ_{aver}=0.4678；用式（3-24）进行置乱，并选取置乱矩阵的参数 c_{11}, c_{12}, c_{21} 分别为 71、65、83（英文单词 GAS 每个字母的 ASCII 码），并根据约束条件算出 c_{22} 为 76，置乱次数与置乱程度的关系如图 3-16（b）所示置乱度最大值 δ_{max}=0.5645，此时置乱周期仍为 192，一个置乱周期内的置乱度平均值 δ_{aver}=0.4679，可见置乱度平均值与置乱矩阵的参数选择关系不大。

分别取 $c_{11}, c_{12}, c_{21}, a_{11}, a_{12}, a_{21}, k_1$ 的值为 71、65、83、1、5、30、3，第（3）步中，子块的划分采用将图像简单划分成 4 个 128×128 像素的子块的方法，对本章提出的置乱算法进行实验。根据约束条件算出 c_{22}, a_{22} 的值分别为 76 和 151，经过第（3）步置乱后的图像和直方图分别如图 3-15（c）和图 3-15（d），置乱程度 δ_1=0.5357，经过第（8）步置乱后的图像和直方图分别如图 3-17（a）和图 3-17（b），置乱程度 δ_2=0.6268，即本算法的最终置乱度为 0.6268，大大高于只用一个置乱矩阵的置乱度，最终置乱后的图像的直方图与噪声图像的直方图相似。用恢复算法能准确恢复原始图像。

 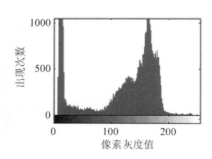

　　　　（a）原始图像　　　　　　　　　（b）原始图像的直方图

图 3-15　第（3）步完成后的置乱效果图和相应的直方图

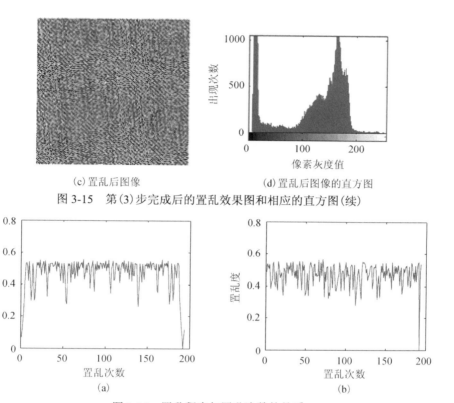

(c) 置乱后图像　　　　　　　　　(d) 置乱后图像的直方图

图 3-15　第 (3) 步完成后的置乱效果图和相应的直方图 (续)

(a)　　　　　　　　　　　　　　　(b)

图 3-16　置乱程度与置乱次数的关系

随机选取原图的 1 个像素点并修改其最低位后, 再进行实验, 得到的结果如图 3-17(c) 所示, 它与修改前的置乱图像 3-17(a) 的 PSNR (峰值信噪比) 值仅为 7.74, 即对原始图像进行轻微修改将得到完全不同的置乱结果, 可见本方法对明文有很好的敏感性。

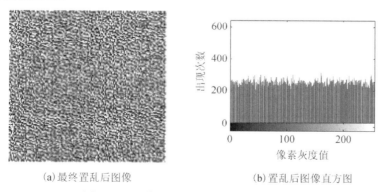

(a) 最终置乱后图像　　　　　　　　(b) 置乱后图像直方图

图 3-17　最终置乱效果图和相应的直方图

(c) 修改原始图像 1 个像素点的置乱结果

图 3-17　最终置乱效果图和相应的直方图(续)

　　为检测本算法的安全性，进行周期性恢复实验，考虑到选用上面的参数后，用式(3-25)置乱的周期为 192，各子块用式(3-26)置乱的周期为 96，因此选取同样的参数分别用式(3-22)、式(3-25)和式(3-26)对最终置乱后的图 3-17(a)继续进行 96、192、18432(96×192)、20000 次置乱，整个过程中均未出现某次置乱后出现原图的现象，可见本算法不再出现单一 Arnold 变换所发生的周期现象，可防止 Arnold 变换的周期性所带来的安全问题。

3.6　本 章 小 结

　　本章简要概述了隐秘信息预处理的要求，给出了传统的数据加密方法因复杂度高不适合有大量冗余信息的图像、音频和视频等多媒体数据进行预处理的观点，指出了混沌在提高不可感知性、安全性、抗剪切攻击性和隐蔽信道容量等性能指标中的作用。针对目前用于信息隐藏预处理的混沌序列加密和混沌置乱两类方法，分别给出了产生混沌序列和图像置乱的新算法。

　　Logistic 混沌映射是一种非常简单却被广泛应用的经典混沌映射，本章指出了它存在稳定窗和空白窗口问题，产生的序列分布不均匀，同时密钥空间比较小，所产生的迭代序列作为密钥流使用时存在安全隐患。提出了基于 Logistic 混沌映射的新的混沌序列产生算法，通过增大分支控制参数的值和取模运算来产生混沌序列，突破了分支控制参数不能大于 4 的限制。产生的序列不再出现 Logistic 混沌映射所存在的安全问题，改进的算法计算复杂度低，密钥空间有大幅度增加，非常适合于多媒体等数据的加密。仿真实验表明新算法的加密效果明显优于 Logistic 混沌映射。

　　置乱技术是信息隐藏中常用的预处理技术，针对目前多数置乱算法在置乱速度与安全性不能很好兼顾的问题，在 Arnold 变换的基础上，提出了一种基于分块的三维置乱算法，算法先通过对 Arnold 变换矩阵进行推广，用变换矩阵作为密钥和参数控制置乱过程，只要进行一次置乱就可达到数次 Arnold 变换的效果；然后再划分子块并对各子块进行 1 次三维置乱，不但对像素的空间位置进行了置乱，而且进行了色度空间的置乱，置乱后的图像的直方图呈现白噪声现象，可有效地防止利用直方图进行攻击。在三维置乱中还使用原始图像的相关参数作为变换控制参数，明文(原始图像)任何 1 bit 的改变会扩散到所有像素点上，从而得到完全不同的置乱结果，因此可有效抵御选择明文的攻击。实验还表明，用本算法置乱后的图像不再具有 Arnold 变换周期性现象，可有效防止通过变换周期性来进行的攻击。新算法的计算复杂度与 Arnold 变换相当，但安全性有明显提高。

第 4 章　基于空间域的连续色调图像大容量信息隐藏算法

空间域图像信息隐藏技术是指在图像的空间域中嵌入水印的技术，最简单和有代表性的方案就是用秘密信息代替图像的最低有效位(LSB)的信息隐藏算法。虽然空间域信息隐藏算法鲁棒性比变换域算法差，但仍以其隐藏数据量大和算法简单的优点成为目前隐秘通信中的主流技术。另外，空间域信息隐藏算法能对图像的篡改进行精确定位也是变换域算法所不具备的。因此空间域信息隐藏算法仍然具有非常广的应用空间，互联网上免费的信息隐藏工具中也大多使用了基于空间域的 LSB 方法。针对空间域信息隐藏算法的研究主要有两个目标，一是进一步提高其嵌入容量，二是尽量提高其安全性和抗检测能力[105]。

4.1　空间域的位平面分解及其特性

4.1.1　基于固定位的平面分解

设图像为 $F=\{f(x,y)\}$，$x=0,1,\cdots,N_1-1$，$y=0,1,\cdots,N_2-1$，对于普通 256 级的灰度图像，每个像素用 8 bit 表示，即每一个像素可以表示为

$$f(x,y)=\sum_{i=0}^{7}f_i(x,y)\cdot 2^i \tag{4-1}$$

式中，$f_i(x,y)\in\{0,1\}$，$i=0,1,\cdots,7$。

设

$$F_j=\{f_j(x,y)\}\quad (x=0,1,\cdots,N_1-1,\quad y=0,1,\cdots,N_2-1,\quad j=0,1,\cdots,7) \tag{4-2}$$

则图像 F 可以分解为 8 个位平面($F_7,F_6,\cdots,F_0$)，每个位平面图均为一幅二值图像。

图 4-1 是几个 512×512×8 bit 的用于信息隐藏的典型灰度图像，图 4-2 和图 4-3 分别是 lena 和 mandrill 灰度图像的 8 个位平面分解二值图，从图 4-2 和图 4-3 可以看到，对于 8 bit 的灰度图像，最高 3 位的位平面包含了感知重要性成分，基本能反映图像内容，是一种有意义的二值图像；中间第 4、5 位的位平面能反映图像中某些区块的轮廓；但最低 3 位的位平面，包含的主要是图像的噪声成分，基本不能反映图像中任何内容。潘旭山等采用 Ising 随机场描述灰度图像 F 的 8 个位平面图像 $F_7,F_6,\cdots,F_0$，设 8 个位平面的熵率分别为 $H(F_7),H(F_6),\cdots,H(F_0)$，则通过对随机场参数的估计得到熵率的关系为 $H(F_7)\leqslant H(F_6)\leqslant\cdots\leqslant H(F_0)$，说明随着位平面层次的

降低，相应位平面相应的二值图像像素点的像素值的随机性变大，越来越接近理想的纯噪声。

（a）lena

（b）mandrill

（c）bird

图 4-1　三幅典型测试图像

（a）第 7 位位平面

（b）第 6 位位平面

图 4-2　lena 图像的位平面分解图

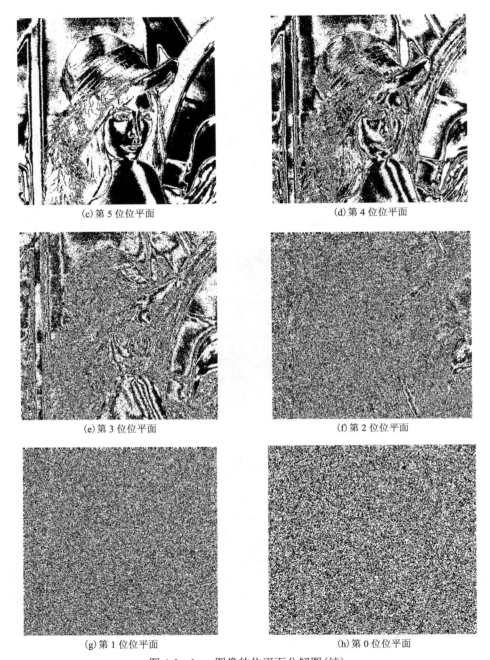

(c) 第 5 位位平面　　　　　　　　　　　　(d) 第 4 位位平面

(e) 第 3 位位平面　　　　　　　　　　　　(f) 第 2 位位平面

(g) 第 1 位位平面　　　　　　　　　　　　(h) 第 0 位位平面

图 4-2　lena 图像的位平面分解图(续)

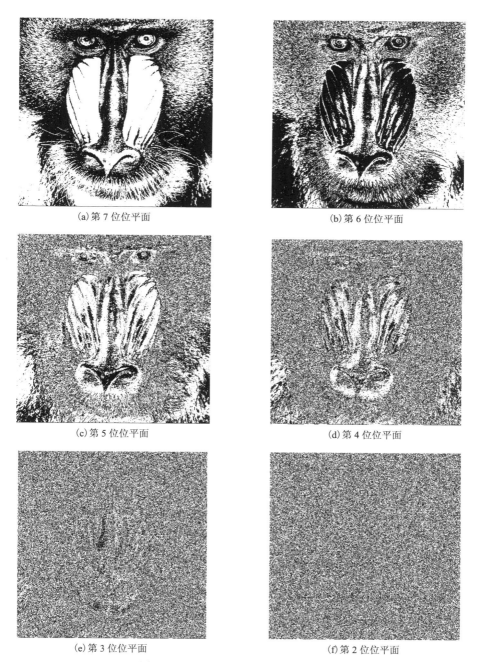

图 4-3　mandrill 图像的位平面分解图

(g) 第 1 位位平面　　　　　　　　　　　　　　　　　(h) 第 0 位位平面

图 4-3　mandrill 图像的位平面分解图(续)

　　lena 图像和 mandrill 图像各位平面分解图中白色像素点与黑色像素点的比值如表 4-1 所示,从表 4-1 可以看出,这些典型载体图像的最低三个位平面中白黑两种像素点的比值接近 1。文献[106]也指出对于数码相机直接拍摄的自然图像,在未嵌入秘密信息之前,最低位平面为 0(表示黑色像素点)和为 1(表示白色像素点)的像素数目是近似相等的。另外,从图 4-4 所示的 lena 图像的 7、6、1、0 四个位平面的游程分布图可以看出,较高的位平面与较低的位平面黑白像素的分布完全不同。从图 4-4(c)和图 4-4(d)可以看出,第 1 位位平面及第 0 位位平面的游程分布与图 4-5(a)所示的 MATLAB 随机函数产生的随机二值图像游程分布非常接近(见图 4-5(b))。从表 4-2 也可以看出 lena 图像第 0 位位平面与图 4-5(a)所示的随机二值图像游程分布基本一致(表 4-2 中随机二值图像还有一个长度为 24 的游程未列出),绝大多数游程的长度小于 3,即较低的位平面黑白像素的分布是基本均匀的,与随机噪声图像一致,这就为空间域的信息伪装技术提供了现实基础。LSB 算法正是利用这一特点将伪随机分布的隐秘信息嵌入到图像的最低位或次低位。

表 4-1　各位平面白色像素点与黑色像素点的比值

图像	第 7 位	第 6 位	第 5 位	第 4 位	第 3 位	第 2 位	第 1 位	第 0 位
lena	0.9889	0.7363	1.0298	0.9898	1.0395	0.9943	0.9980	0.9982
mandrill	1.0939	0.7955	1.2892	1.1030	1.0013	1.0048	1.0022	1.0041

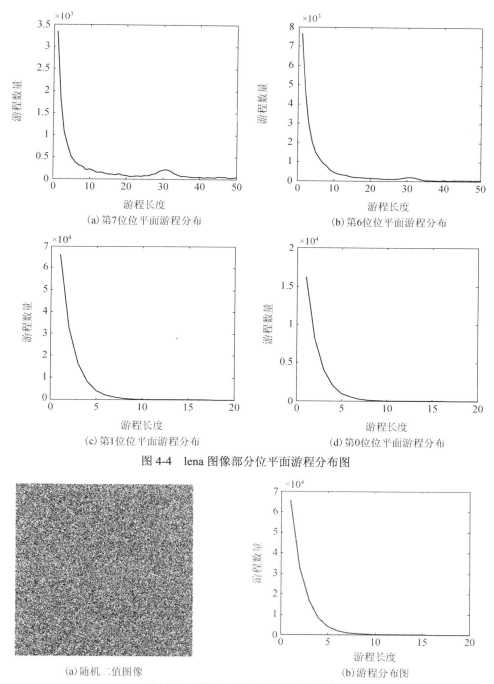

(a) 第7位位平面游程分布　　　　　　　　　(b) 第6位位平面游程分布

(c) 第1位位平面游程分布　　　　　　　　　(d) 第0位位平面游程分布

图 4-4　lena 图像部分位平面游程分布图

(a) 随机二值图像　　　　　　　　　(b) 游程分布图

图 4-5　随机二值图像及其游程分布

表 4-2　lena 图像第 0 位位平面与随机二值图像游程分布对比表

游程长度	1	2	3	4	5	6	7	8	9	10
lena 图像游程分布	65380	32629	16392	8233	4013	2120	1071	463	260	150
随机图像游程分布	64924	32661	16410	8235	4176	2074	1033	515	233	123
游程长度	11	12	13	14	15	16	17	18	19	20
lena 图像游程分布	59	36	19	6	5	2	2	1	0	0
随机图像游程分布	66	43	18	9	2	1	2	1	0	0

　　由于最低 3 位的位平面主要是图像的噪声成分，且最低位与次低位在图像灰度中的贡献分别仅为该像素点的 1/256 和 1/128。改变这两个位平面的值，对该像素点的灰度值影响不明显，无论对人眼识别还是机器检测(考虑噪声因素的存在)的影响都是微不足道的。此外，最低有效位的值为 0 的像素点与为 1 像素点基本相等，又均匀分布在载体图像的各个像素中。当用 LSB 算法在图像中嵌入随机隐秘信息时，对原图像 LSB 的空间域统计特性没有明显改变，因此攻击者要在载密图像中检测到隐藏的信息难度很大。正因为这些因素，基于空间域的 LSB 算法以其嵌入容量大和难于检测的特点，使其成为信息隐藏领域最流行的技术方法。

4.1.2　基于最高有效位的位平面分解

　　根据 4.1.1 节的介绍可知，位平面图像层次越低，越接近噪声，尤其是最低 2 位的位平面与纯噪声几乎没什么区别。但是对于某些自然图像，特别是有特暗区域、特亮区域和某些区域的亮度非常均匀的自然图像，即使是最低的几个位平面仍然能表现出图像的某些纹理特征，即多少还包含了一些有意义的图像信息，且在一定程度上具有相关性。图 4-6 是图 4-1(c)所示的 bird 灰度图像的 8 个位平面分解所对应的二值图，从图 4-6 可以看出，第 0 位位平面图仍然含有一定的纹理特征，与纯噪声有很大的不同。

(a) 第 7 位位平面

(b) 第 6 位位平面

图 4-6　bird 原始图像的位平面分解图

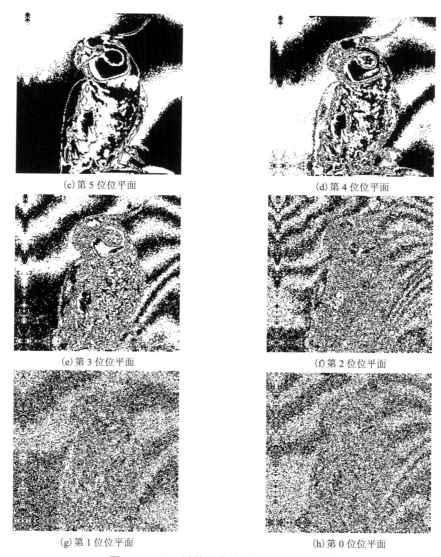

(c) 第 5 位位平面　　　　　　　　　　(d) 第 4 位位平面

(e) 第 3 位位平面　　　　　　　　　　(f) 第 2 位位平面

(g) 第 1 位位平面　　　　　　　　　　(h) 第 0 位位平面

图 4-6　　bird 原始图像的位平面分解图(续)

　　在信息隐藏的实际应用中，为了避免攻击者对截取的图像进行位平面分解后发现有意义的秘密信息，嵌入 LSB 中的秘密信息一般是经过加密的具有伪随机性的序列或置乱图像。如果直接用隐藏信息替代 LSB，则往往会使含密位平面表现出更强的噪声特性。含密位平面与自然图像位平面在噪声特性上的差异构成了信息隐藏的可侦测特征，威胁到 LSB 信息隐藏的安全性。许多基于 LSB 的算法没有考虑到这种安全性，以至于当直接对位平面进行视觉检测时可以发现明显的信息隐藏痕迹。分析以上位平面分解图可知，本层位平面图中黑色区域部分所对应的下一层相同区域为噪声信号的概率远低于纹理区域，其原因也很好解释：亮度较暗区域的像素点，灰度值比较小，且该像素点多个高位的值均为 0，在相应的位平面图上均表现为黑色，因此当第 x 位平面为黑色时，第 $x-1$ 位平面为黑色的概率要远高于第 x 位平面为白色时的概率。例如，令某像素点的像素值为 15，则该点的第 7～4 位位平面均为黑色，即第 7 位位平面为黑色，它的下一位平面（第 6 位位平面）也为黑色，而本层为白色时，下一层取什么颜色就没有那么明显了，这与相应像素点的灰度值和照片的质量等级相关。

根据以上分析可知，要防止位平面的纹理特性出现因隐藏信息后被破坏的问题，该点比嵌入信息的位平面高的其他位平面中至少有一个为 1。比较有效的办法是进行 LSB 嵌入时，只对最高非 0 位往下的某个位用秘密信息替换，而不是对某个固定的位平面信息进行替换。

设图像为 $F=f(x,y)$，$x=0,1,\cdots,N_1-1$，$y=0,1,\cdots,N_2-1$，定义

$$v(x,y)=\lfloor \log_2 f(x,y) \rfloor \tag{4-3}$$

则图中每一个像素可以表示为

$$f(x,y)=\sum_{i=0}^{v(x,y)} f_i(x,y) \cdot 2^i \tag{4-4}$$

式中，$f_i(x,y) \in \{0,1\}$，设

$$F_{v(x,y)}=f_{v(x,y)}(x,y) \quad (x=0,1,\cdots,N_1-1;\ y=0,1,\cdots,N_2-1) \tag{4-5}$$

若假定图像中所有像素点不为全黑（即像素值不小于 1），则由式（4-3）可知

$$f_{v(x,y)}(x,y)=1 \quad (x=0,1,\cdots,N_1-1;\ y=0,1,\cdots,N_2-1) \tag{4-6}$$

定义由 $f_{v(x,y)}(x,y)$，$x=0,1,\cdots,N_1-1$，$y=0,1,\cdots,N_2-1$ 构成的位平面为最高有效位的位平面 V_∇，它是一幅全白的二值图像。设最高有效位以下的第 t 位构成的位平面为

$$V_{\nabla-t}=f_{v(x,y)-t}(x,y) \quad (x=0,1,\cdots,N_1-1;\ y=0,1,\cdots,N_2-1) \tag{4-7}$$

为与 4.1.1 节相区分，将 4.1.1 节的位平面分解称为固定位平面分解，而将式（4-7）所述的位平面分解为基于最高有效位下的位平面分解。根据前面分析可知，将位平面 $V_{\nabla-t}$ 替换成随机二值图像，不会破坏原始图像在固定位平面分解时低层位平面所固有的纹理特性。将图 4-1(c) 所示的 bird 灰度图像的最高有效位下第 5 位替换成随机信息，修改后的图像及相应最低 3 个固定位平面图像分别如图 4-7(a)、图 4-7(b)、4-7(c) 和图 4-7(d) 所示，从固定位平面分解图可以看出，图像的最低 3 个固定位平面的特性与图 4-6 所示的最低 3 个固定位平面的特性基本一致，从而解决了由固定位平面替换所出现的安全性问题。

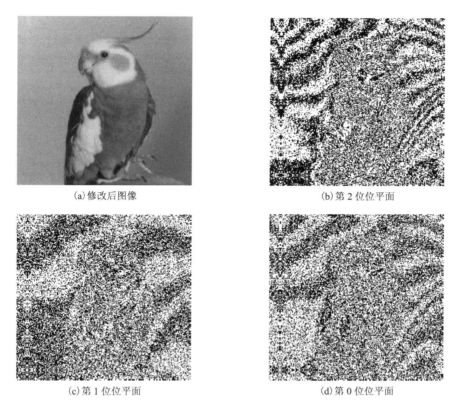

(a) 修改后图像　　　　　　　　　　　(b) 第 2 位位平面

(c) 第 1 位位平面　　　　　　　　　　(d) 第 0 位位平面

图 4-7　最高有效位下第 5 位随机修改后的固定平面位分解图

在基于最高有效位的位平面分解过程中，可能存在有些像素的像素值为 0，则该点不存在最高非 0 有效位的问题；同样还存在最高有效位比较低而再往下取若干位可能不存在的问题。不对这些像素进行处理，即基于最高有效位下的位平面分解时，某些平面可能出现空缺区域。在信息隐藏时，只要不在这些区域嵌入信息即可。同时由于对低位的替换修改不会影响到高位的值，所以在提取信息时，各像素点是否嵌入信息同样可以根据高位的情况进行判断，不会影响算法的盲提取。

4.2　基于空间域的彩色图像大容量隐藏算法

4.2.1　彩色图像各通道的视觉特性

在自然界中，所有颜色均可以分解为红 (R)、绿 (G)、蓝 (B) 三原色，也就是说通过将三原色红、绿、蓝以适当的比例相混合，可以得到自然界几乎所有的色彩，但三原色中的任何一种不能由其他两种原色合成，因此在电视机、计算机显示器等视频设备上通常采用 RGB 显示模式来表示彩色图像。

在 Windows 等操作系统中也用 RGB 模式表示彩色图像，根据不同的颜色分辨率要求，表示一个彩色像素点的表示模式有 4 位（RGB4）、8 位（RGB4）、16 位（RGB565 或 RGB555）、24 位（RGB24）和 32 位（RGB32 或 ARGB32）三种。其中，4 位和 8 位模式需要使用调色板，并且显示的颜色数非常有限，不能满足自然彩色图像显示的需要，因此较少应用于自然图像的显示。在 16 位模式中，RGB565 模式每个像素用 16 位表示，RGB 分量分别使用 5 位、6 位、5 位；RGB555 模式每个像素用 15 位表示，RGB 分量都使用 5 位（剩下的 1 位不用）。在 24 位模式中每个像素用 24 位表示，RGB 分量各使用 8 位。在 32 位模式中，RGB32 模式每个像素用 32 位表示，RGB 分量各使用 8 位（剩下的 8 位不用）；ARGB32 模式每个像素用 32 位表示，RGB 分量各使用 8 位（剩下的 8 位用于表示 Alpha 通道值）。考虑到人类视觉特性，人眼对灰度的分辨率一般情况下只有几十个灰度级，只有在观察图像中的大块面积时，人眼能分辨的灰度等级才能达到最高值，但能分辨出的灰度等级仍不会超过 256（人眼能分辨的灰度图像最高灰度等级数为 256）个，因此 RGB 三个颜色分量最多只要各使用 8 位就足以达到人类视觉可以分辨的极限，并且在绝大多数情况下，远超过人类视觉的分辨能力，所以在实际应用中一幅真彩色图像由 R、G、B 三个分量组成，每个分量用 8 bit 表示，平时用 24 位表示的彩色图像也称为真彩图像。

除了 RGB 模式，彩色图像还常用 CMY、CMYK、YUV、YIQ、YCbCr、HIS 等色彩模式表示。

1）CMY 和 CMYK 色彩模式

CMY 是三种印刷油墨的首字母，分别为青色（cyan）、洋红色（magenta）、黄色（yellow）。与 RGB 模式相似，通过 CMY 三种颜色可以合成自然界的其他所有颜色，但与 RGB 模式通过颜色相加产生其他颜色不同，CMY 是通过不同颜色的油墨吸收白纸上的反光而形成彩色的，即 CMY 是通过相减来产生其他颜色，所以这种方式称为减色合成法，而 RGB 模式则为加法合成法。从理论上讲，CMY 三种油墨加在一起就应该得到黑色（black），但由于目前制造工艺水平的限制，CMY 相加的结果实际上是一种暗红色，所以加入黑色油墨，K 是取的 black 最后一个字母，为了避免和蓝色（blue）混淆而不取首字母。加入黑色的 CMY 模式称为 CMYK 模式，又称为印刷色彩模式。CMYK 是以百分比来表示的，相当于油墨的浓度，在通道中 CMYK 灰度表示油墨浓度，较白表示油墨含量较低，较黑表示油墨含量较高，纯白表示完全没有油墨，纯黑表示油墨浓度最高。

2）YUV 和 YIQ 模式

YUV 模式和 YIQ 模式均属于电视系统采用的模式，其中 YIQ 用于 NTSC 制式的电视系统，而 YUV 模型用于 PAL 制式的电视系统。YIQ 模式与 RGB 模式之间的对应关系为

$$\begin{bmatrix} Y \\ I \\ Q \end{bmatrix} = \begin{bmatrix} 0.299 & 0.587 & 0.144 \\ 0.596 & -0.274 & -0.322 \\ 0.211 & -0.522 & 0.311 \end{bmatrix} \begin{bmatrix} R \\ G \\ B \end{bmatrix} \tag{4-8}$$

$$\begin{bmatrix} R \\ G \\ B \end{bmatrix} = \begin{bmatrix} 1 & 0.956 & 0.621 \\ 1 & -0.272 & -0.647 \\ 1 & -1.106 & -1.703 \end{bmatrix} \begin{bmatrix} Y \\ I \\ Q \end{bmatrix} \tag{4-9}$$

式中，R、G、B 分别为 RGB 模式中红（R）、绿（G）、蓝（B）三原色的值；Y 表示亮度，它对应于图像的灰度值，亮度信号 Y 解决了彩色电视机与黑白电视机的兼容问题，使黑白电视机也能接收彩色电视信号；I 和 Q 表示色调。

YUV 模式与 RGB 模式之间的对应关系为

$$\begin{bmatrix} Y \\ U \\ V \end{bmatrix} = \begin{bmatrix} 0.299 & 0.587 & 0.144 \\ -0.148 & -0.289 & -0.437 \\ 0.615 & -0.515 & 0.100 \end{bmatrix} \begin{bmatrix} R \\ G \\ B \end{bmatrix} \tag{4-10}$$

$$\begin{bmatrix} R \\ G \\ B \end{bmatrix} = \begin{bmatrix} 1 & 0 & 0.621 \\ 1 & -0.395 & -0.581 \\ 1 & -2.032 & 0 \end{bmatrix} \begin{bmatrix} Y \\ U \\ V \end{bmatrix} \tag{4-11}$$

式中，U 和 V 也表示色调，但它们表示的值与 I 和 Q 是不同的，I 和 Q 分量相当于 U 和 V 分量进行了一个 33° 的旋转，即

$$\begin{bmatrix} I \\ Q \end{bmatrix} = \begin{bmatrix} -\sin(33°) & \cos(33°) \\ \cos(33°) & \sin(33°) \end{bmatrix} \begin{bmatrix} U \\ V \end{bmatrix} \tag{4-12}$$

3）YCbCr 模式

YCbCr 模式是由 YUV 模式派生的一种颜色空间，主要用于数字电视系统中，更重要的是 JPEG 压缩标准中就是使用 YCbCr 模式，从 RGB 到 YCbCr 的转换中，输入、输出都是 8 位二进制格式。在 YCbCr 模式，Y 仍表示亮度，但 Cb 和 Cr 分量则是对 U 和 V 分量进行了少量调整得到的。YCbCr 模式与 RGB 模式之间的对应关系为

$$\begin{bmatrix} Y \\ Cb \\ Cr \end{bmatrix} = \begin{bmatrix} 0.2990 & 0.5870 & 0.1140 \\ -0.1687 & -0.3313 & 0.5000 \\ 0.5000 & -0.4187 & -0.0813 \end{bmatrix} \begin{bmatrix} R \\ G \\ B \end{bmatrix} + \begin{bmatrix} 0 \\ 128 \\ 128 \end{bmatrix} \tag{4-13}$$

$$\begin{bmatrix} R \\ G \\ B \end{bmatrix} = \begin{bmatrix} 1 & 1.40200 & 0.621 \\ 1 & -0.34414 & -0.71414 \\ 1 & 1.77200 & 0 \end{bmatrix} \begin{bmatrix} Y \\ Cb-128 \\ Cr-128 \end{bmatrix} \tag{4-14}$$

在 YUV、YIQ、YCbCr 模式中均有一个共同的项

$$Y=0.299R+0.587G+0.114B \tag{4-15}$$

可见，人类视觉系统对三原色红、绿、蓝的敏感程度不同：对绿光反应最灵敏，红光其次，对蓝光反应最迟钝。

目前关于彩色图像的信息隐藏算法，通常把水印嵌入到 YCbCr 模式空间的 Y 分量(亮度通道)[107]，或者嵌入到单颜色通道[108-112]。在应用中通道的选择根据应用需求来决定，为提高隐藏信息的鲁棒性一般选择绿色通道，为提高隐藏信息的不可感知性一般选择蓝色通道，这是因为人类视觉系统对蓝色变化最不敏感。以上这些算法都只考虑了一个通道，使得其嵌入容量都不比灰度图像更大，但事实上，一幅彩色图像本身存在的冗余空间相对于同样大小的灰度图像要大很多，因此以上方法没有充分利用彩色图像的冗余空间，其嵌入容量还有较大的提升空间。刘春庆等[113]提出了一种在 RGB 的 3 个颜色分量的多个位平面上同时嵌入数据的隐藏算法，其主要思想是根据一幅真彩色图像由 RGB 三个颜色分量组成，每个分量用 8 bit 表示，将彩色图像分解为 24 个位平面，每个位平面实际上就是一幅二值图像；然后再根据文献[114]中提出的方法，按照一定的规则在这 24 个位平面的低位平面上的黑白边缘上嵌入数据。由于是在多个颜色通道上嵌入数据，所以嵌入信息容量比文献[107]~[112]均有较大提高，在保持不可感知性和不引起直方图的异常的前提下彩色图像中数据嵌入量达到每像素 1.5 bit，该算法已超过 LSB 算法的容量。该方法的不足是对三个颜色通道是平等对待的，但根据式(4-15)可知，RGB 三个颜色通道在人眼视觉上的反映是不一样的，因此文献[113]所提出的方法的嵌入容量仍有较大提升空间。

4.2.2 彩色图像大容量信息隐藏算法

基于图像的信息隐藏可看成在强背景(原始图像)下叠加一个弱信号(被隐藏的信息)，只要叠加的信号低于对比度门限，视觉系统就无法感觉到信号的存在[89]。根据人眼视觉系统的对比度特性，该门限值受背景照度、背景纹理复杂性和信号频率的影响。背景越亮，纹理越复杂(或者说边缘越丰富)，门限就越高[89,115]，这种现象称为亮度掩蔽和纹理掩蔽。人类视觉系统对图像所具有的亮度掩蔽、边界掩蔽和纹理掩蔽等效应表明：①人眼对不同灰度等级具有不同的敏感性，通常对中等灰度最为敏感，而且向低灰度和高灰度两个方向非线性下降；②对图像平滑区的噪声敏感，而对纹理区的噪声不敏感；③边界信息对于人眼非常重要。根据人类视觉掩蔽特性可知：具有不同局部性质的区域在保证不可感知性的前提下，可允许叠加的信号强度是不同的。对 RGB 彩色图像而言，人类视觉系统并不是只有

对 LSB 不可感知，对于较亮的像素点，比 LSB 更高的某些位的变化同样是不可感知的，这些不可感知位同样可用来嵌入信息，从而进一步提高嵌入容量。根据 4.1.2 节所述，部分图像的低层位平面仍然存在纹理信息，为了防止破坏这些纹理信息，不能将某个低位平面直接替换成经过加密的秘密信息，而只能在最高有效位下的某个动态平面位进行替换嵌入。本节所提出的算法的基本思路是根据每个像素点 RGB 三个颜色分量的亮度值的不同，确定是否隐藏信息、信息隐藏位置和信息的隐藏量。具体算法如下。

设 24 位的 RGB 彩色图像的每个像素 RGB 三个颜色分量分别为（$r_7, r_6, \cdots, r_0$）、（$g_7, g_6, \cdots, g_0$）、（$b_7, b_6, \cdots, b_0$），对图像的每个像素点 RGB 三色的每一色进行单独嵌入处理，首先对红色分量进行处理，将（$r_7, r_6, r_5, r_4, r_3, r_2, r_1, r_0$）从高位至低位逐位进行检查。当第 x 位不为 0 时，则从第 $x-y$ 位（$y \geq 1$）开始嵌入信息，一直嵌入到第 z 位。若 $x=0$ 或 $z>x-y$，则该像素点的该分量不嵌入信息，即

$$x = \begin{cases} \left\lfloor \log_2\left(\sum_{i=0}^{7} r_i \times 2^i\right) \right\rfloor, & \sum_{i=0}^{7} r_i \times 2^i > 0 \\ 0, & \sum_{i=0}^{7} r_i \times 2^i = 0 \end{cases} \tag{4-16}$$

$$r_i^* = \begin{cases} w_j, & z \leq i \leq x-y \\ r_i, & \text{其他} \end{cases} \tag{4-17}$$

式中，r_i^*（$i \in \{0, 1, \cdots, 7\}$）为该像素点红色分量第 i 位 r_i 经过嵌入处理后的值；w_j（$j \in \{1, 2, \cdots, L\}$）为待嵌入的比特序列，$j$ 的值为前面已经嵌入的比特数，每嵌入 1 bit，j 的值增加 1；y 的取值决定了嵌入强度，它需要在不可感知性和嵌入容量之间折中考虑，y 值越大，视觉不可感知性越好，但可隐藏的信息量越少；z 的取值由所需的抵御滤波处理的鲁棒性决定，当 $z=0$ 时，则包括 LSB。

处理完红色分量后，再用同样的方法处理该像素的蓝色和绿色分量，只是处理蓝色和绿色分量时，y 的取值可以根据人类视觉系统特性取不同的值。处理完一个像素点后，再重复以上过程，处理下一个像素点。

由于信息的嵌入是在一个非 0 位后的一个约定位开始，到另一个约定位结束，所以信息的提取只依赖参数 y 和 z，即根据每个像素点的值就可判别该像素点各颜色通道是否嵌入有信息。如果有信息嵌入，那么从非 0 位后的第 y 位开始到第 z 位为需要提取的信息。本算法是一种完全意义的盲提取算法，在信息的提取过程中，不需要原始图像和辅助信息表等其他信息。

根据韦伯定律和式（2-5）、式（2-6）可以得出，当 y 的取值为 4～5 时就可基本满足视觉不可见性要求，实验结果也证实如此。这与文献[116]提出的"去掉最低 3 个位平面后灰度图像的主观质量不会受到明显的影响，客观质量也维持在中等水平"这一结论是基本一致的。文献[117]也指出，含有秘密信息的载密图像，只

要与原始图像的差距在 16 个灰度级之内，则该图像的差异在视觉上是不可察觉的。根据式(4-15)可知，人眼对 RGB 三色的敏感度是不同的，对绿色最敏感，对蓝色最不敏感，它不到绿色的 1/4，因此为了达到不可感知性的目的，在 y 值的选取上，绿色需要适当取大一点，蓝色分量的值则取小一点，即 $y_g > y_r > y_b$。

由于本节所提出的算法的嵌入与提取均无密钥的控制，所以为保证安全性，可通过两种方法解决：①将嵌入的信息进行加密处理后再进行嵌入；②在嵌入前对载体图像进行置乱处理再进行嵌入，待嵌入完成后再进行逆置乱处理。这样可通过加密密钥或置乱密钥来保证嵌入信息的安全，不过通过置乱后再嵌入的方法安全性更好。

4.2.3　实验结果与分析

(1) 为验证本节提出的算法的不可感知性，以 512×512×24 bit 的原始 lena 图像(见图 4-8(a))进行本节提出的算法的最大信息嵌入量实验。设 z 的值为 0，设 RGB 三色所对应的 y 的取值为 (y_r, y_g, y_b)，分别选取(5, 5, 4)、(4, 5, 4)、(4, 4, 4)、(4, 5, 3)和(3, 5, 3)几组不同的值进行嵌入实验，嵌入后的结果分别如图 4-8(b)、图 4-8(c)、图 4-8(d)、图 4-8(e)、图 4-8(f)所示。由实验结果可知，当 $y_r \geq 4$、$y_g \geq 5$、$y_b \geq 3$ 时，对人类的视觉系统是不可感知的，超过这个值时就会影响视觉效果，即 (y_r, y_g, y_b) 取(4, 5, 3)时，隐藏的信息的不可感知性就能满足要求，同时达到可隐藏信息量的最大值，此时的 PSNR 为 36.5505，VDSF 为 47.1857。

(2) 为测试本节提出的算法的隐藏容量，选取标准图像 peppers 和 tulips 进行实验。当 (y_r, y_g, y_b) 取(4, 5, 3)时，嵌入信息后的载密图像如图 4-9 所示，可见在嵌入隐藏信息后同样能满足视觉的不可感知性要求。当 (y_r, y_g, y_b) 取(4, 5, 3)时，在 lena、peppers 和 tulips 图像中可嵌入的信息量和不可感知性指标见表 4-3，本节提出的算法的信息隐藏量非常大，嵌入比(嵌入总比特数与载体图像数据比特数之比)的平均值约为 36%，而目前认为信息隐藏量大的 LSB 算法的嵌入容量的嵌入比为 12.5%，可见本节提出的算法的嵌入容量比 LSB 算法大很多。

(a)原始图像　　　　　　(b)y_r=5，y_g=5，y_b=4　　　　　　(c)y_r=4，y_g=5，y_b=4

图 4-8　(y_r, y_g, y_b)取不同值对视觉效果的影响比较

(d)y_r=4，y_g=4，y_b=4　　　　　(e)y_r=4，y_g=5，y_b=3　　　　　(f)y_r=3，y_g=5，y_b=3

图 4-8　(y_r, y_g, y_b)取不同值对视觉效果的影响比较(续)

(a)原始 peppers 图像　　　　　　　　　　(b)载密 peppers 图像

(c)原始 tulips 图像　　　　　　　　　　(d)载密 tulips 图像

图 4-9　y_r=4，y_g=5，y_b=3 时，另两组载体图像与载密图像

表 4-3　(y_r, y_g, y_b)取(4, 5, 3)时各图像可嵌入信息量和不可感知性指标对比

图像名	图像大小/像素	可嵌入信息容量/bit	嵌入比	PSNR	VDSF
lena	512×512	2576953	40.9%	36.5505	47.1857
peppers	512×512	2253506	35.8%	37.3068	45.1922
tulips	768×512	3227134	34.2%	37.4865	47.3892

　　(3)为验证本节算法的安全性和鲁棒性，以 512×512×24 bit 的原始 lena 图像(见图 4-10(a))嵌入一幅 181×252×8 bit 的灰度图像(见图 4-10(b))，再将载有隐

藏信息的图像进行如图 4-10(c)所示的随机裁剪,然后进行隐藏信息的提取,提取的图像如图 4-10(d)所示。由图 4-10(d)可知,在裁剪后的载密图像中提取的信息仍能被很好地识别,本节提出的算法有较强的抗剪裁能力。由于本节提出的算法的嵌入容量大,同小容量的嵌入算法相比,对于同样的嵌入信息可进行反复嵌入,一幅载体图片可嵌入多个水印信息,所以抗剪裁能力强。

以 512×512×24 bit 的原始 lena 图像嵌入一幅 181×252×8 bit 的灰度图像进行抗干扰实验。在嵌入隐藏信息的图像上加入 0.02 的椒盐噪声(见图 4-11(a)),检测到的隐藏图像如图 4-11(b)所示。虽然检测到的隐藏图像也有明显的噪声干扰信息,但不影响识别效果,可见本节算法有抗噪声干扰能力,且作为隐藏图像等的水印是能满足要求的,而计算复杂度却比同样效果的变换域算法低很多。

另外,当 z 取 1 时(即 LSB 不隐藏信息)进行滤波实验。载密图像进行中值滤波处理后,仍可检测到隐藏的大部分信息,而 LSB 算法则基本检测不到隐藏的信息,这说明本节提出的算法的鲁棒性比 LSB 算法要高很多,而此时的信息隐藏量却仍然比 LSB 算法大。同时由于嵌入的图像的位平面与原始图像、嵌入后的图像没有对应关系,而不像 LSB 算法那样将信息嵌入在一个固定的位平面,这样可防止破坏低位平面的纹理特性,也可防止位平面过滤所导致的失密,所以抗检测性和安全性均比 LSB 算法高。

(a)原始图像　　　　　　　　(b)嵌入图像　　　　　　　　(c)裁剪后的载密图像

(d)检测到的多幅隐藏图像

图 4-10　裁剪实验结果

(a)遭受 0.02 椒盐噪声污染的载密图像　　　　　　(b)检测到的隐藏图像

图 4-11　加噪声实验结果

4.3　鲁棒的空间域自适应大容量隐藏算法

4.3.1　隐藏算法的鲁棒性分析

针对空间域算法鲁棒性和安全性差的缺点，一些学者对空间域算法进行了一些改进，使其安全性和鲁棒性有一定提高。任智斌等提出了一种最高有效位(Most Significant Bit，MSB)信息隐藏算法，该算法利用颜色量化技术对图像颜色进行归并，然后按照特定的格式存储，产生冗余空间，最后把待隐藏信息装载入冗余空间。该方法不仅能实现大数据量的信息隐藏，而且使得信息隐藏的位置为图像的最大意义位，这就使信息隐藏的鲁棒性比以往的最低有效位(LSB)信息隐藏技术有了很大的提高，但安全性并未提高，且颜色量化后的图像有明显的降质。Hwang 等采用单向 HSAH 函数提高了水印算法的安全性[118]；宋琪等提出了用随机数置乱水印嵌入位置来提高安全性的方法[119]，但随机产生的水印嵌入位置存在相互冲突现象，需要用记录表来解决此冲突问题；陈永红采用单个混沌系统来随机产生水印嵌入位置[120]，但仍需要采用记录表来解决位置冲突问题；朱从旭和陈志刚采用混沌映射变换生成水印嵌入的空间位置和水印嵌入的比特位的方法[121]，解决了文献[119]、[120]需要记录表的问题，但嵌入水印后可能存在个别像素点在视觉上的明显改变，视觉不可感知性还有待提高。

信息隐藏的变换域方法较空间域方法有较强的鲁棒性，其原因主要有以下两个方面。

(1)在变换域嵌入隐藏信息 W 时，嵌入的任意一比特信息会分布到载密图像 $f^*(x,y)$ 空间域上的多个像素点上，相当于在空间域上进行多次分散的嵌入处理(这其实也是在同样嵌入强度下变换域算法嵌入容量低的主要原因之一)。当图像遭受滤波、噪声、裁剪、压缩等攻击时，使得载密图像 $f^*(x,y)$ 某些点上的值发生改变时，只要这种改变是部分的，就有可能从未改变的点恢复隐藏信息 W。

(2)在变换域中嵌入的隐藏信息与载体图像的像素之间没有确定的对应关系，因此有利于提高安全性。

借鉴变换域的思想，可从几个方面提高空间域隐藏算法的鲁棒性和安全性，首先用一定的纠错算法产生待隐藏信息 W 的纠错码 R，将待隐藏的信息 W 及其纠错码 R 随机嵌入到载体图像中，当某些像素点的隐藏信息遇到攻击而被破坏时，可利用嵌入在其他像素点的纠错码将其恢复过来；其次是将待隐藏信息在载体中多处隐藏，可进一步提高其鲁棒性；最后是信息的嵌入位置(包括嵌入的像素点位置和嵌入的位平面)在密钥的控制下通过相应的方法随机选择。

4.3.2　嵌入与提取算法

借鉴纠错编码原理和随机置乱的原理，先产生带纠错码的嵌入信息；再采用 Arnold 混沌映射确定隐藏信息嵌入的像素点，同时用 Logistic 混沌序列并结合像素的像素点最高非 0 位位置采用自适应策略和最小化像素改变量优化策略，将待嵌入的信息随机嵌入到该像素点的某一个不会明显影响视觉感知效果的比特位。

1. 产生纠错码

设载体图像为 $I=f(x,y)$，$x=0,1,\cdots,N_1-1$；$y=0,1,\cdots,N_2-1$，即载体图像的大小为 $N_1\times N_2$。其中 (x,y) 代表图像的像素坐标；$f(x,y)$ 为相应位置的像素值，$f(x,y)=(0,1,\cdots,2^K-1)$，其中 K 为灰度载体图像的位深，一般取值为 8；待隐藏信息记为 $W=\{w_j,j=0,1,\cdots,L-1\}$，$w_j=\{0,1\}$。为了叙述方便和运算简便，不失一般性，假设 $N_1=N_2=N$。

为实现纠错功能，在嵌入隐藏信息 W 前，根据 W 产生纠错码。为计算简单，采用方阵检测码作为纠错码。将 W 分成若干长度为 $M\times M$ 的段，如果最后一段的长度不足 $M\times M$，则重复 W 前面的若干比特使之达到 $M\times M$，使得每一段排列成大小为 $M\times M$ 的方阵；然后计算每个方阵每一行和每一列的奇偶校验码，共得到 $2M$ 个校验码 R，将 R 插入到 W 的前面，得到带有纠错能力的嵌入信息 W^*。为得到较好的纠错效果，同时考虑纠错码不要占用太多的隐藏空间，本节算法取 $M=8$，此时 W 与 W^* 比特数之比为 4/5。

2. 隐藏信息的嵌入

为实现隐藏信息随机分布到载体图像的不同位置,本节算法首先采用 3.5 节所述的 Arnold 混沌映射并根据待隐藏信息比特 w_j^* 的下标 j 的值确定隐藏信息每个比特嵌入到载体图像中的哪一个像素点，再用式(3-15)所示的改进的 Logistic 映射确定信息嵌入的位平面。设 $x_0 = \mathrm{int}(j/N)$ ，$y_0 = j \bmod N$ ，用式 (3-25) 中矩阵 $\boldsymbol{A}$ 的 3 个独立参数 (矩阵 $\boldsymbol{A}$ 的另一个参数根据约束条件算出) 和迭代次数 n 作为密钥，利用式 (3-25) 进行 n 次迭代，生成的迭代结果 (x_n, y_n) 作为 w_j^* 嵌入到载体图像 I 的空间位置。由于该映射是一一映射[94]，所以不同的隐藏信息比特 w_j^* 因为 j 的取值不同，经过 n 次迭代后得到的嵌入位置 (x_n, y_n) 不会相同，利用此性质可知待嵌入信息 W^* 每个不同位置的比特 w_j^* 嵌入到载体图像中的位置是随机的并且不会产生位置冲突。

在嵌入信息时，如果嵌入到高位平面，则可能会在嵌入后造成视觉效果的明显改变，本节算法通过结合式 (3-15) 和该像素点的具体情况综合决定信息的嵌入位平面，可防止嵌入信息后造成的视觉效果的明显改变，并防止未授权的提取。其步骤是在对待嵌入信息的像素点从高位至低位逐位进行检查，当第 d 位不为 0 时，则从第 $d-2$ 位至第 0 位 (最低位) 为待选嵌入位。当第 d 位的值小于 4 时，取 d 为 4，此时在第 $d-2$ 位嵌入信息时虽然不再是强背景下叠加一个弱信号，但由于嵌入信号的幅度绝对值很小，在实验中发现其仍为不可感知的，所以可满足视觉不可感知性要求。设嵌入信息的待选嵌入位为第 $0 \sim r$ 位，r 的值为

$$r = \begin{cases} d-2, & d \geqslant 4 \\ 2, & d < 4 \end{cases} \tag{4-18}$$

这样嵌入的位平面可以结合式 (3-15) 得到的混沌序列 x_n 和式 (4-18) 得到的 r，再通过式 (4-19) 决定隐藏信息的嵌入位 s，即

$$s = \mathrm{int}(r \times x_n) \tag{4-19}$$

为进一步减少嵌入信息后可能造成的视觉感知上的变化，信息嵌入时不是简单地用待嵌入的比特位替换掉 $f(x, y)$ 的第 s 位，而是采用动态优化调整的方法。设嵌入信息后的像素值为 $f^*(x, y)$ ，调整的目标是保证 $f^*(x, y)$ 的第 s 位的值等于待嵌入的比特信息，同时在 $f(x, y)$ 的最高非 0 位不发生改变的情况下，使 $\left| f(x, y) - f^*(x, y) \right|$ 取最小值。具体的实现步骤描述如下。

(1) 计算待隐藏信息的纠错码，并得到待嵌入的二进制序列 W^* 。

(2) 指定 k_2 、μ 和 x_0 的值，按式 (3-15) 的 Logistic 映射预替代 k_2 次。

(3) 指定式 (3-25) 中的 a_{11}, a_{12}, a_{21} 和替代次数 n ，并按约束条件计算 a_{22} 。

(4) 从待嵌入的二进制序列 W^* 取一个待嵌入的比特 w_j^* ，并计算

$$x_0 = \mathrm{int}(j/N), \quad y_0 = j \bmod N \tag{4-20}$$

(5) 按步骤 (3) 和步骤 (4) 指定的参数用式 (3-25) 进行混沌替代 n 次，得到嵌入 w_j^* 的像素点的坐标 (x, y) 。

(6) 根据待嵌入 w_j^* 的像素点的最高非 0 位的位置 d ，按式 (4-18) 计算 r ；然后

按式(3-15)替代 1 次，并按式(4-19)得到 w_j^* 嵌入到像素点的位平面的值 s。

(7)将 w_j^* 嵌入到按步骤(5)确定的像素点，得到嵌入信息后的像素点 $f^*(x,y)$。具体实现时分 3 种情况处理。

① 当 $f(x,y)$ 的第 s 位与待嵌入的信息相同时，不需进行任何处理，即

$$f^*(x,y)=f(x,y) \tag{4-21}$$

② 当 $f(x,y)$ 的第 s 位与待嵌入的信息 w_j^* 不相同，但 s 的值等于 1 或 0 时，直接用待嵌入的信息替换掉 $f(x,y)$ 的第 s 位得到 $f^*(x,y)$，此时 $|f(x,y)-f^*(x,y)|$ 很小，不会产生视觉变化。

③ 当 $f(x,y)$ 的第 s 位与待嵌入的信息不相同，但 s 的值大于 1 时，按如下步骤进行调整。

(a)设 $\delta=1$。

(b)令 $f_1(x,y)=f(x,y)+\delta, f_2(x,y)=f(x,y)-\delta$。

(c)若 $f_1(x,y)$ 的第 s 位与待嵌入的信息 w_j^* 相同，且 $f_1(x,y)$ 的最高非 0 位与 $f(x,y)$ 的最高非 0 位位置相同，则 $f^*(x,y)=f_1(x,y)$，该像素点的嵌入工作完成，转至步骤(8)。

(d)若 $f_2(x,y)$ 的第 s 位与待嵌入的信息 w_j^* 相同，且 $f_2(x,y)$ 的最高非 0 位与 $f(x,y)$ 的最高非 0 位位置相同，则 $f^*(x,y)=f_2(x,y)$，该像素点的嵌入工作完成，转至步骤(8)。

(e) δ 增加 1，转步骤(b)，重复以上(b)、(c)、(d)三步操作，直到该像素点的嵌入工作完成。

(8)取 W^* 的下一个比特，重复步骤(4)～步骤(7)，直至 W^* 的所有比特嵌入完毕。

3. 隐藏信息的提取

提取隐藏信息时需要知道如下几个参数：3.5 节所述的 Arnold 混沌映射相关的参数 $k_1, a_{11}, a_{12}, a_{21}$；与 Logistic 映射相关的参数 k_2、μ 和 x_0 的值，并计算 a_{22}；隐藏的二进制序列 W^* 的长度，产生纠错时的分段长度参数 M。提取过程如下。

(1)将式(3-15)的 Logistic 映射根据参数 k_2、μ 和 x_0 预替代 k_2 次。

(2)对需要提取的隐藏信息 w_j^*，先计算 $x_0=\mathrm{int}(j/N)$，$y_0=j \bmod N$，然后用 $a_{11}, a_{12}, a_{21}, a_{22}$ 等相关参数用式(3-25)进行混沌替代 k_1 次，得到嵌入 w_j^* 的像素点的坐标 (x,y)。

(3)根据嵌入 w_j^* 的像素点的最高非 0 位的位置 d，按式(4-18)计算 r；然后按式(3-15)替代 1 次，并按式(4-19)得到 w_j^* 嵌入到像素点的位平面的值 s，进而得到 $w_j^*=f_s(x,y)$。

(4)重复以上第(2)步和第(3)步,直至得到完整的嵌入信息序列 W^*。

(5)将 W^* 分成长度为 $(M+2) \times M$ 的若干段,并按产生 W^* 的逆过程将每一段排列成纠错矩阵。

(6)利用纠错码,纠正矩阵中的差错,得到正确的大小为 $M \times M$ 的排列成矩阵的隐藏信息段。

(7)将得到的各隐藏信息段按嵌入前处理的逆过程进行拼接,得到完整的隐藏信息。

4.3.3　实验结果与分析

为验证本节算法的性能,取与 Arnold 混沌映射相关的参数 k_1、a_{11}, a_{12}, a_{21} 分别为 30、1、2、3;取与 Logistic 映射相关的参数 k_2、μ 和 x_0 的值分别为 400、3.93、0.18;以如图 4-12(a)所示的大小为 256×256×8 bit 的原始 lena 图像进行实验。先嵌入一段长为 512 B(4096 bit)的文本进行抗干扰实验,嵌入信息后的载密图像如图 4-12(b)所示,PSNR=47.52,可见在嵌入隐藏信息后能很好满足视觉的不可感知性要求;然后在载密图像上加上 0.02 的椒盐噪声后再进行嵌入信息的提取,共进行 20 次的嵌入与提取实验,只有 1 次出现 1 个字符的错误,其余 19 次提取的文本与嵌入的文本完全相同。用 lena 图像在离散余弦变换(DCT)域进行文本嵌入的对比实验,在嵌入 125 B(1000 bit)文本的载密图像上加上 0.02 的椒盐噪声后再进行提取时,进行 20 次的嵌入实验有 18 次出现提取的文本与嵌入的文本不相同的情况,最大差错时有 4 个字符不正确。再在离散傅里叶变换(DFT)域、离散小波变换(DWT)域进行载密图像加入噪声实验,提取的文本的差错率均高于本节算法(未使用纠错码)。由此可知本算法对噪声具有很强的鲁棒性,比未使用纠错码的变换域嵌入算法要强。当然变换域嵌入算法也可使用纠错码来降低差错率,但其有效嵌入容量会进一步下降。

(a)载体图像　　　　　　　　　　　　(b)嵌入文本后载密图像

图 4-12　嵌入 512 B 文本后的视觉效果比较

　　再进行抗裁剪实验，嵌入一幅如图 4-13(b)所示的二值图像，嵌入信息后的载密图像如图 4-13(c)所示，此时嵌入比特数与载体像素数之比达到了 1/4，而 PSNR=42.47，VDSF=49.68，可很好地满足视觉的不可感知性要求。然后对载密图像进行面积为10%、20%和30%的裁剪(相应像素点的值置 0)，裁剪后的图像分别如图 4-14(a)、图 4-14(b)和图 4-14(c)，在裁剪后的图像中提取的图像分别如图 4-14(d)、图 4-14(e)和图 4-14(f)，可见本算法有较好的抗裁剪攻击能力。

(a)载体图像　　　　　　　(b)嵌入的图像　　　　　　　(c)嵌入后的载密图像

图 4-13　嵌入二值图像后的视觉效果

(a)裁剪 10%　　　　　　　(b) 裁剪 20%　　　　　　　(c)裁剪 30%

(d)　　　　　　　(e)　　　　　　　(f)

图 4-14　载密图像裁剪实验效果

　　由于本节算法的秘密信息嵌入位置是在密钥控制下嵌入在不同的像素点和位平面，所以不会出现 LSB 或 MSB 那样的安全性问题。为验证算法的安全性，改变提取隐藏信息所需的参数中的任意一个，则提取的信息完全不可理解，例如，将 k_1 改为 31 时，提取的信息如图 4-15(b)所示，将 x_0 改为 0.18001 时，提取的信息如图 4-15(c)所示。可见不知道准确密钥的非授权者无法正确提取嵌入的信息，嵌入的信息具有密码学意义上的安全性。

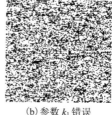

(a)密钥正确　　　　　　　　　　(b)参数 k_1 错误　　　　　　　　　(c)参数 x_0 错误

图 4-15　密钥正确与错误提取的隐藏信息对比

4.4　基于空间域的像素级篡改定位算法

4.4.1　篡改认证及其定位精度

随着多媒体技术的飞速发展和日趋完善，人们可以方便地对数字媒体(如音乐、视频或图像等)进行篡改，因此人们在使用数字媒体(数字图像、数字音频、数字视频)时，常对其完整性、内容的真实性产生质疑。基于信息隐藏的认证技术为图像数据的真实性与完整性认证、篡改检测提供了一个简便的工具。与传统的基于数字签名的数据认证相比，基于信息隐藏的数据认证的主要优点在于不需要额外的附加认证信号，认证信息离散地分布隐藏在数字媒体的各个部分，不是附加在数字图像的后面，从而提高了攻击难度，增加了安全性。

目前已经提出了很多种认证水印技术，大体上分为易损水印和半易损水印两类。半易损水印一般指嵌入有水印的图像能承受诸如 JPEG 压缩等常规操作或被少量噪声的偶然修改而不损坏的水印，但半易损水印会因图像内容的恶意篡改而损坏，所以半易损水印需要用于对破坏图像内容的一些蓄意操作进行检测。但是在某些应用中，如法律证据图像、医疗图像等细节敏感图像，甚至 JPEG 压缩也会破坏图像的细节，如医学图像中的任意一点变化都可能使医生对病情做出错误的判断。易损水印正是针对这一类应用而设计的，它是一种在数字图像作品发生任何形式的改变时都会损坏的水印，在没有附加额外信息的情况下，易损水印能够检测出篡改位置或区域。

迄今为止，图像篡改认证根据其对篡改的定位能力可以分为 3 种水平：一种是像素级的定位能力，即可以确定每一个像素是否被篡改过，这种认证也称为单像素认证，如文献[122]等；另一种是分块级的定位能力，即未被篡改的最小单元是一个图像块，这种认证也称为分块认证，如文献[123]、[124]等，为了尽可能定位准确，分块应尽可能小；还有一种是没有任何篡改定位能力，只能简单确定图像是否被篡改，这种认证称为无分割认证。像素级篡改定位能确定到每一个像素是否被篡改，因此定位能力最强，并且在受到篡改时能容易区分是有意篡改还是在传输过程中受到了干扰，但相对来说要实现鲁棒的像素级定位也是最困难的。

　　由于像素级篡改定位需要精确定位到被篡改的每个点，因此基于像素级的篡改认证算法需要满足两个条件：首先需要能隐藏大量的认证信息，其次要能在空间域上进行，为满足这两个条件像素级定位一般使用基于空间域的隐藏算法。Yeung 和 Mintzer 提出一种基于易碎数字水印的单像素认证算法[122]，该算法使用二值函数把灰度值(0～255)映射为 0 或 1，并以一个二维标志作为水印，修改图像的像素灰度使其映射值与标志中相应的比特相同的方法来嵌入易损水印，从而可以将篡改精确定位到具体的一个像素点。此后，Holliman 和 Memon[125]与 Fridrich 等[126]均发现 Yeung-Mintzer 的这种技术具有致命的缺点，即每一个像素中嵌入的水印比特具有确定性。由于嵌入的水印比特具有确定性，所以可以发起攻击来伪造一幅能通过认证的图像[127]，也就是说攻击者可以轻易地伪造能通过认证的图像。针对这一缺点，Fridrich 等[128]提出了一种易损水印方案，通过结合周围像素来确定嵌入的水印比特，从而引入基于图像的不确定性。这种方法的优点是可以抵制文献[125]、[126]中提出的攻击，但是其局部检测性能会有所下降。本节在文献[128]的基础上进行改进，提出一种新的认证算法，它既可以抵抗文献[125]、[126]中提出的攻击，又能对被篡改的单个像素点进行准确定位。

4.4.2　像素级的篡改定位算法

　　设图像为 $I_{M \times N}$，其中 M 和 N 分别表示图像的高和宽，其中的各像素点表示为 $x_{i,j}$，i, j 为相应的像素点的坐标，$i \in \{1, 2, \cdots, M\}$，$j \in \{1, 2, \cdots, N\}$。本节算法的关键是一个像素点的认证信息 $w_{i,j}$ 是与该像素点上下和左右各 k 个点共计 $2k+1$ 个像素的函数，即

$$w_{i,j} = f(x_{i-k,j}, x_{i-k+1,j}, \cdots, x_{i-1,j}, x_{i,j}, x_{i+1,j}, \cdots, x_{i+k,j}, x_{i,j-k}, \cdots, x_{i,j-1}, x_{i,j+1}, \cdots, x_{i,j+k}) \quad (4\text{-}22)$$

式中，$f(\cdot)$ 为二值映射函数，其值为 0 或 1，$f(\cdot)$ 函数应保证原始数据每改变一比特，其结果就要翻转一次；$k \geq 1$，k 的具体值可根据需要引入的图像的不确定性程度而定，一般取 $k = 2$ 就可满足要求。当式(4-22)中参与计算的各像素点的第一个坐标值 $i-y \leq 0$，$1 \leq y \leq k$ 时，将该像素点的坐标值修改为 $M+i-y$；当 $i+y > M$，$1 \leq y \leq k$ 时，将该像素点的坐标值修改为 $i+y-M$，即保证相应的坐标值在 $\{1, 2, \cdots, M\}$

范围之内；对第二个坐标也进行同样的处理，只是将 M 改为 N，保证第二个坐标相应的值在 $\{1, 2, \cdots, N\}$ 范围之内。这实际是以 (i, j) 为中心，向左右和上下各扩展 k 个像素点来产生认证信息，从而引入基于图像的不确定性，达到抵抗文献[125]、[126] 所提出的攻击。

由本节算法可知，当一个像素点被篡改时，会导致多个像素点的认证信息的改变，表面上会导致不能准确定位被篡改的像素点，实际上这种一个像素点的改变会导致多个像素点的改变是有规律的，向左右和上下各扩展的 k 个像素点都会发生认证信息的改变。如果一个像素点的认证信息发生改变，但其向左右和上下各扩展 k 个像素点的认证信息有些没有发生改变，则该像素点未被篡改。认证信息的改变是左右和上下各扩展 k 个像素点中的一个或多个被篡改所致，或者是该像素点的认证信息在传输中出现差错所致。只有该点及其左右和上下各扩展 k 个像素点都发生认证信息的改变才是相应的像素点被篡改。即一个点是否被篡改可以表示为

$$T_{i,j} = \prod_{y=-k}^{k} A_{i,j+y} \cdot \prod_{z=-k}^{k} A_{i+z,j} \tag{4-23}$$

式中，$A_{i,j}$ 表示接收到的图像的像素点 (i, j) 的认证信息与重新计算的认证信息的比较结果，不一致为 1，一致为 0，式中的坐标值超出范围时，按前面说明的方法处理。当 $T_{i,j}$ 为 1 时，表示坐标为 (i, j) 的像素点受到篡改，否则未被篡改，从而能将篡改准确定位到被篡改的像素点。

式(4-23)的计算中，虽然有一个累乘的运算，但由于是二进制乘法，计算开销并不大，即与不结合周围像素的篡改算法相比，本算法的计算复杂度增加并不明显。

4.4.3　认证信息的嵌入与认证检测

在进行认证信息嵌入时，可能会对图像造成影响。对于版权认证等方面的水印只要满足人类视觉不可感知性要求即可，但对篡改定位就不一定适用。特别对于精确认证，应该能够消除认证信息嵌入给需认证的内容带来的影响。为解决这个问题，通常的做法是将图像分为两部分，一部分用于认证，另一部分则被修改以承载水印。LSB 算法是一种非常成熟的算法，具有简单、可嵌入容量大、嵌入速度快等优点。虽然 LSB 算法容易受到噪声干扰和滤波等影响，鲁棒水印和半脆弱水印在使用 LSB 算法隐藏信息时可能遇到问题，但作为脆弱水印使用 LSB 算法是完全可以的，因此本节算法采用 LSB 算法嵌入认证水印信息，将图像的高 7 位用于认证，而用 LSB 承载认证信息。但为了保证认证系统的安全性，在认证信息的嵌入时还需进行一定的处理。

一个认证系统能否投入实际的使用，系统的安全性是非常关键的。对图像认证系统而言，如果嵌入方法存在漏洞，则恶意的攻击者可能利用这些漏洞来修改或伪造图像而不被认证算法发现，达到欺骗认证系统的目的。如果算法采用 LSB 算法并直接将认证信息嵌入到图像的最低有效位，则若产生认证信息的映射函数 $f(\cdot)$ 被攻击者所掌握，则攻击者就可能在篡改图像后，利用篡改后的图像和映射函数 $f(\cdot)$ 重新计算认证信息并嵌入到已篡改的图像中，此时虽然图像是伪造的，但却能通过认证。为保证安全性，本节算法对需嵌入的水印信息使用混沌密码等序列密码进行加密后再嵌入。因此水印信息的嵌入主要分三步进行。

(1) 利用映射函数 $f(\cdot)$ 计算每个像素点高 7 位的认证信息 $w_{i,j}$，得到长度为 $M \times N$ 的二进制认证序列 W。

(2) 选用某种混沌加密算法 E 在密钥的控制下对二进制认证序列 W 进行加密，得到加密的长度仍为 $M \times N$ 的嵌入信息 EW。

(3) 将加密后的二进制序列 EW 按顺序嵌入到图像 $I_{M \times N}$ 的最低有效位(LSB)。

在进行认证检测时，基本上是嵌入的逆过程，但图像是否被篡改需要按式(4-23)进行计算和判断，它可以分为如下四个步骤。

(1) 利用 $f(\cdot)$ 计算接收到的图像 I^* 每个像素点高 7 位的认证值 $w_{i,j}^*$，形成一个长度为 $M \times N$ 的二进制认证序列 W^*。

(2) 使用与嵌入认证信息相同的密钥和加密算法 E 对 W^* 进行加密计算，得到二进制序列 EW*。

(3) 将二进制序列 EW* 按顺序与图像 I^* 的 LSB 进行比较，如果相同则 $A_{i,j}=0$，否则 $A_{i,j}=1$。

(4) 按式(4-23)计算各像素点对应的 $T_{i,j}$，若 $T_{i,j}=1$，则认为坐标为 (i, j) 的像素点被篡改，否则相应的像素点没有被篡改。

4.4.4　实验结果与分析

为验证本算法的性能，以 256×256×8 bit 的原始 lena 灰度图像(见图 4-16(a))进行实验，对嵌入认证水印信息的图像的部分像素点进行篡改，然后进行认证处理。嵌入认证信息的图像如图 4-16(b)所示，可见嵌入的认证信息具有很好的视觉不可感知性，然后对嵌入认证信息的图像进行篡改，本实验采用在图像中加入文字"lena"，篡改后的图像如图 4-16(c)所示，再进行认证检测，认证结果如图 4-16(d)所示，其中用白色表示被篡改的像素点，可见本算法能准确发现被篡改的像素点，而不是多数算法那样只能定位一个一定大小的被篡改的像素块。为测试本节算法的抗干扰能力，对嵌入认证水印信息的图像的 LSB 加入 1% 的均衡噪声后进行认证处理，图像能通过认证，未报告有被篡改的像素点。由此可见，该算法能够完成像素级的篡改检测，并且对 LSB 的噪声干扰具有一定的鲁棒性。

(a)原始图像

(b)嵌入认证信息的图像

(c)篡改后的图像

(d)认证结果

图 4-16　篡改论证检测结果

4.5　本章小结

通过位平面分解图，讨论了各个位平面的特性，针对某些图像低位位平面图仍然含有一定纹理特征的情况，提出了基于最高非 0 位平面分解方法。采用此方法分解出的位平面直接用噪声数据替换后，不会破坏基于固定位平面分解时低位位平面图所固有的纹理特征，可提高嵌入信息的安全性。

利用人类视觉系统的亮度掩蔽效应，提出了一种基于彩色图像空间域的自适应信息隐藏算法，算法根据像素点的每个颜色分量判断信息的隐藏位置，能最大限度地利用可利用的隐藏空间。实验表明该方法的信息隐藏量大，在满足不可感知性的前提下，比目前广泛使用的信息隐藏方法要大很多，可防止位平面过滤所导致的失密；同时，该算法有一定的抗噪声污染和抗裁剪的能力。信息提取时不需要原始图像和其他辅助信息，是一种完全意义下的盲提取。

　　针对空间域算法安全性差的特点，提出了一种鲁棒且较安全的空间信息隐藏算法。算法中采用基于广义 Arnold 映射和 Logistic 混沌映射确定待隐藏的二进制序列的每一比特嵌入到载体图像的像素点位置和位平面。在嵌入信息比特时采用自适应和最小像素改变策略，使嵌入大容量信息时，载密图像没有明显的降质，具有良好的不可感知性，其最大嵌入比特数与载体像素数之比可达 4/5。由于隐藏信息的提取仅依赖于一组相关的密钥参数，不知道准确密钥的非授权者无法提取正确的嵌入信息水印，所以嵌入的信息具有密码学意义上的安全性。由于该算法对每个比特的嵌入位置是通过 Arnold 混沌映射来决定的，嵌入位置在整个像素空间呈随机分布特性，同时采用了纠错码进行纠错的策略，因此对椒盐噪声攻击具有很好的鲁棒性和很强的抵抗剪切攻击能力。

　　利用空间域信息隐藏算法嵌入信息容量大的特点，提出了一种用于图像内容像素级篡改认证的脆弱水印算法，能准确识别图像被篡改的像素点。另外，算法还能容忍图像传输过程中出现的个别认证信息位的传输错误，即不会将认证信息位出现传输错误的像素点判定为被篡改。

第5章 基于 DCT 域的大容量信息隐藏算法

　　离散余弦变换(Discrete Cosine Transform，DCT)是数字信号处理技术中最常用的线性变换之一，由于 DCT 的良好能量压缩能力，可以将图像的能量汇集到有限的几个低频系数上，并且 DCT 域下已经有了比较好的感知模型(如 Watson[37]提出的基于 DCT 的视觉模型)，经常被信号处理和图像处理所使用，常用于对信号和图像(包括静止图像和运动图像)进行有损数据压缩。JPEG、MPEG 和 H.261/263 等压缩标准均使用 DCT。基于 DCT 的信息隐藏算法能将嵌入的信息分散到多个像素点中[129]，并可以与 JPEG 压缩过程相结合，达到提高算法对抗 JPEG 压缩的鲁棒性的目的，因而受到人们广泛重视。自 1995 年 Cox 提出 DCT 域扩频信息隐藏方法[28]以来，以 DCT 系数作为宿主信号已成为图像信息隐藏技术特别是数字水印技术中的主流选择方案之一。

5.1　DCT 域及其特点

5.1.1　DCT 的定义

　　DCT 利用傅里叶变换的性质，采用图像边界褶翻将图像变换为偶函数形式，然后对图像进行二维傅里叶变换，由于变换后的表达式仅包含余弦项，所以这种变换称为 DCT。

　　一维有限长序列 $\{f(i),i=0,1,2,\cdots,N\}$ 的离散余弦变换(1D-DCT)可定义为

$$s(u)=a(u)\sum_{x=0}^{N-1}f(x)\cos\left(\frac{(2x+1)\pi u}{2N}\right) \tag{5-1}$$

DCT 是一种可逆变换，式(5-1)的离散反余弦变换(1D-Inverse Discrete Cosine Transform，IDCT)可定义为

$$f(x)=\sum_{u=0}^{N-1}a(u)s(u)\cos\left(\frac{(2x+1)u\pi}{2N}\right) \tag{5-2}$$

式中，系数 $a(u)$ 定义为

$$a(u)=\begin{cases}\sqrt{1/N}, & i=0\\ \sqrt{2/N}, & i=1,2,\cdots,N-1\end{cases} \tag{5-3}$$

　　二维有限长序列 $\{f(x,y),x,y=0,1,\cdots,N-1\}$ 的离散反余弦变换(2D-DCT)定义为

$$s(u,v)=a(u)a(v)\sum_{x=0}^{N-1}\sum_{y=0}^{N-1}f(x,y)\cos\left(\frac{(2x+1)u\pi}{2N}\right)\cos\left(\frac{(2y+1)v\pi}{2N}\right) \tag{5-4}$$

它的离散反余弦变换(2D-IDCT)可定义为

$$f(x,y)=\sum_{u=0}^{N-1}\sum_{v=0}^{N-1}a(u)a(v)s(u,v)\cos\left(\frac{(2x+1)u\pi}{2N}\right)\cos\left(\frac{(2y+1)v\pi}{2N}\right) \tag{5-5}$$

式中，$a(u),a(v)$ 的定义与式(5-3)相同。

在图像处理中，常将图像看成一个二维矩阵，因此在图像处理中常用二维 DCT，并且常用的方法是先将图像分割为互不重叠的 8×8 的小块，再对每个小块进行 DCT，得到 8×8 的 DCT 系数矩阵。在这 64 个 DCT 系数中，$s(0,0)$ 为直流系数(DC)，它反映图像块的平均亮度；其他 63 个系数为交流系数(Alternating Coefficient，AC)，它反映图像块的细节状况，所以交流系数也称为细节分量。DCT 系数矩阵中，从左至右水平频率增加，从上至下垂直频率增加。相对于直流系数，交流系数的能量很低，绝大多数系数集中在 0 点附近，同时也存在少量大幅值系数，但多数集中于低频段。

为简单起见，DCT 也可以写为

$$\boldsymbol{S}=\boldsymbol{T}_c\boldsymbol{F}\boldsymbol{T}_c' \tag{5-6}$$

式中，$\boldsymbol{F}$ 为图像数据矩阵；$\boldsymbol{T}_c$ 为 DCT 矩阵；$\boldsymbol{T}_c'$ 为 $\boldsymbol{T}_c$ 的转置矩阵，对于 8×8 的图像数据块，$\boldsymbol{T}_c$ 可表示为

$$\boldsymbol{T}_c=\begin{bmatrix} 0.3536 & 0.3536 & 0.3536 & 0.3536 & 0.3536 & 0.3536 & 0.3536 & 0.3536 \\ 0.4904 & 0.4157 & 0.2778 & 0.0975 & -0.0975 & -0.2778 & -0.4157 & -0.4904 \\ 0.4619 & 0.1913 & -0.1913 & -0.4619 & -0.4619 & -0.1913 & 0.1913 & 0.4619 \\ 0.4517 & -0.0975 & -0.4904 & -0.2778 & 0.2778 & 0.4904 & 0.0975 & -0.4157 \\ 0.3536 & -0.3536 & -0.3536 & 0.3536 & 0.3536 & -0.3536 & -0.3536 & 0.3536 \\ 0.2778 & -0.4904 & 0.0975 & 0.4157 & -0.4157 & -0.0975 & 0.4904 & -0.2778 \\ 0.1913 & -0.4619 & 0.4619 & -0.1913 & -0.1913 & 0.4619 & -0.4619 & 0.1913 \\ 0.0975 & -0.2778 & 0.4157 & -0.4904 & 0.4904 & -0.4157 & 0.2778 & -0.0975 \end{bmatrix} \tag{5-7}$$

5.1.2 DCT 与 JPEG 压缩标准

二维 DCT 是目前最常用的有损数字压缩图像系统——JPEG 的核心思想。原始图像经过 DCT 后，图像的能量主要集中在 DCT 系数矩阵左上角的少数低、中频系数上，它们构成了视觉感知的重要性成分，而分布在 DCT 系数矩阵右下角的高频分量与之相比就不那么重要了，因此 DCT 实际上是空间域的低通滤波器。根据人类视觉系统模型，若对高频数据先进行一些修改或处理，再重新转换成为原来的形式，则此时得到的数据虽然与原始的数据有些差异，但是人类的眼睛却是

不容易分辨出来。JPEG 是 ISO/IEC 联合图像专家组指定的静止图像压缩标准,它通过忽略 DCT 域的高频分量,从而实现图像数据的压缩处理,JPEG 压缩主要包含五个步骤。

(1)将图像从 RGB 空间转化到 YCbCr 颜色空间(如果待压缩的图像为灰度图像则不需要这一步)。

(2)将待压缩的图像按 8×8 大小进行分块处理(如果图像的行数或列数不是 8 的倍数,则复制最右和最下的列和行使其达到 8 的倍数)。

(3)对每个 8×8 的子图进行 DCT。

(4)对变换后的 DCT 系数矩阵,按人的视觉特性进行加权优化的量化处理,并舍入到最近的整数。

(5)量化后的余弦变换系数按某种原则进行编码。

量化是达到压缩目的的手段,它是保证在一定质量评价标准的前提下,丢掉那些对视觉效果影响不大的信息,因为不同频率的余弦系数对视觉影响不同。因此量化是利用不同频率的视觉阈值来选择量化表中元素的大小,该阈值是通过视觉实验得到的。由于人类视觉对低频较为敏感,所以量化步长由低频到高频呈上升趋势。原则上各系数的量化参数可以由用户自行确定,因此有学者提出了一些基于量化表调整的信息隐藏算法[130],但通常采用 JPEG 推荐的标准量化矩阵 $\boldsymbol{Q}$,其表达式为

$$\boldsymbol{Q}=\begin{bmatrix} 16 & 11 & 10 & 16 & 24 & 40 & 51 & 61 \\ 12 & 12 & 14 & 19 & 26 & 58 & 60 & 55 \\ 14 & 13 & 16 & 24 & 40 & 57 & 69 & 56 \\ 14 & 17 & 22 & 29 & 51 & 87 & 80 & 62 \\ 18 & 22 & 37 & 56 & 68 & 109 & 103 & 77 \\ 24 & 35 & 55 & 64 & 81 & 104 & 113 & 92 \\ 49 & 64 & 78 & 87 & 103 & 121 & 120 & 101 \\ 72 & 92 & 95 & 98 & 112 & 100 & 103 & 99 \end{bmatrix} \tag{5-8}$$

式(5-8)利用人类视觉系统的特点,在保持图像质量的前提下,较高效地实现对图像的压缩,并且只有采用 JPEG 推荐的标准量化表,嵌入信息后的载密图像才具有抗标准 JPEG 压缩的能力。在使用 JPEG 提供的标准量化矩阵时,还可以使用不同的品质因子。品质因子就是在一组量化矩阵上按一定的比例(算法)进行缩放形成新的量化矩阵,例如,独立 JPEG 组织(Independent JPEG Group, IJG)提供的 JPEG 实现中采用了 1~100 的整数作为品质因子,100 表示最高质量,1 表示最差质量。IJG 把它的品质因子进行变换,然后作为系数乘到所用量化矩阵上,

以形成新的量化矩阵，从而达到不同的压缩效果。

设品质因子为 $q(1<q\leq100)$，IJG 首先进行变换

$$k=\begin{cases} \dfrac{5000}{q}, & q<50 \\ 200-2q, & 50\leq q\leq100 \end{cases} \tag{5-9}$$

于是 $0\leq k<5000$，用 $k/100$ 再去乘量化矩阵 $\boldsymbol{Q}$ 中的每一个数，四舍五入后把小于 1 的数变为 1，即得新的量化矩阵，所以 $q=100$ 表示所有的量化系数都为 1，没有量化误差。

在 JPEG 的解码过程中，所有的 DCT 系数逆量化（即乘以在编码中使用的量化值），再用 IDCT 重构数据。恢复图像接近于但不同于原始图像，会有一定失真，如果适当地设置量化值，则得到的图像仅凭人眼是很难觉察到差异的。

5.1.3　DCT 系数的分布模型

DCT 交流系数的统计分布总是表现出 0 点附近尖锐的峰值和远离 0 点处很长的拖尾。早期的研究假设各个分块 AC 之间是独立分布的，根据中心极限定理可知，如果随机变量 x 可以表示成足够多的相互独立的随机变量之和，且每一个随机变量对总和的影响很小，则随机变量 x 必是正态分布的。尽管图像内的每一个像素点不是完全相互独立，但随着块间距的增大，块间像素点的相关性逐渐减小。由于分块变换时块内每一变换系数都是相应像素点的某种加权线性叠加，所以未处理过的"自然"图像经过分块变换后，各块中所对应的也满足中心极限定理，可以认为 AC 的能量与频率的关系符合高斯分布模型。为此早期的研究将图像交流分量建模为高斯分布，在 20 世纪 80 年代 Pratt 提出整幅图像 DCT 的交流系数服从高斯分布，此后 Calvagno 等[131]分别提出了 8×8 像素块 DCT 系数的高斯分布模型。基于高斯分布模型的 DCT 系数的概率密度函数可以表示为

$$f_{\mathrm{G}}(x)=\frac{1}{\sqrt{2\pi}\sigma}\exp\left(\frac{-x^2}{2\sigma^2}\right) \tag{5-10}$$

式中，σ 为图像的标准差。

高斯分布模型对利用香农的信息论和信道容量的计算法非常方便，但后来的研究表明高斯分布模型与实际的 AC 分布存在明显差异，所以交流系数的高斯模型并没有成为现代图像处理技术中具有普遍意义的研究基础。

为了描述交流系数统计分布的尖峰形态，研究者借鉴了脉冲噪声的拉普拉斯分布模型，Reininger 等采用 Kolmogorov-Smirnov 拟合优度检验验证了图像分块 DCT 交流系数服从拉普拉斯分布，Muller 等也验证了图像分块 DCT 交流系数的拉普拉斯分布模型。基于拉普拉斯分布模型的 DCT 系数的概率密度函数可以表示为

$$f_{\mathrm{L}}(x)=\frac{\lambda}{2}\exp(-\lambda|x|) \tag{5-11}$$

式中，$\lambda = \dfrac{\sqrt{2}}{\sigma}$，$\sigma$ 为图像的标准差。

对基于 8×8 图像分块的 DCT，Friedman[132]给出了 DCT 交流系数的广义高斯分布模型，基于广义高斯分布模型的 DCT 系数的概率密度函数可以表示为

$$f_{GG}(x) = \frac{\beta c}{2\Gamma(1/c)} \exp(-|\beta x|^c) \qquad (5\text{-}12)$$

式中，$\Gamma(\cdot)$ 为 Gamma 函数，正实数 c 为形状参数，

$$\beta = \frac{1}{\sigma} \left(\frac{\Gamma(3/c)}{\Gamma(1/c)} \right)^{1/2} \qquad (5\text{-}13)$$

随着 c 的减小，广义高斯分布函数的形状越来越尖锐，拖尾越来越长。高斯分布和拉普拉斯分布函数都是广义高斯分布函数的特例。当 $c=1$ 时，$f_{GG}(x)$ 退化为拉普拉斯分布 $f_L(x)$；当 $c=1$ 时，$f_{GG}(x)$ 退化为拉普拉斯分布 $f_G(x)$。研究者用广义高斯分布对大量图像的 DCT 交流系数的分布进行拟合，得到形状参数的估计值为 $\hat{c}=0.958$，可见 DCT 系数的统计模型非常接近拉普拉斯分布。

5.1.4　DCT 域信息隐藏算法的特点

与空间域隐藏算法相比，基于 DCT 域的信息隐藏技术，具有鲁棒性较高的特点，Cox 方案[32,133]就属于鲁棒水印，它属于鲁棒水印的奠基性算法，得到了非常广泛的应用。随后许多人在此基础上进行了大量的工作，结合基于分块 DCT 的图像压缩方法，将水印嵌入到受攻击影响最小的系数中，并结合人类视觉特性，设计图像自适应隐藏算法[134-136]。由许多修改频域系数来嵌入水印的方法几乎都可以归结为 Cox 方案所代表的这类方案，其特点是鲁棒性好。因为水印嵌入到数字图像中对视觉最敏感的部分，如果试图从水印图像中消除或者破坏水印，则必然要破坏水印图像的视觉效果，即使水印被消除，也会使得到的图像丧失意义，从而对有损压缩和其他数字图像处理操作有较好的鲁棒性。

目前的 DCT 域算法的最大不足是嵌入信息量小[137]，并且很多 DCT 域的信息隐藏技术在检测时需要载体图像和隐秘图像；而在检测时不需要载体图像的信息隐藏算法的嵌入容量更小，还远不能和 LSB 方法的容量相提并论，无法满足许多应用场合的需要。所以空间域方法更适合于机密信息的通信，而变换域方法更适合于版权保护(如数字水印)等领域，且很难用于隐藏储存和隐秘通信等领域。那么如何提高变换域隐藏方法的隐藏容量，使其适合信息隐秘通信的需要，是众多学者关注的研究方向，例如，Fridrich 和 Lisonek 提出的基于图着色的方法[138]，Munuera 提出的用 1 比特承载多比特信息的方法[139]，而 Munuera 提出的方法只是提高了嵌入效率，并没有提高嵌入容量。如何提高 DCT 域隐藏算法的嵌入容量还有待进一步研究。

5.2　基于频谱均匀化的 DCT 域大容量隐藏算法

5.2.1　频谱均匀化对隐藏容量的影响

绝大多数自然图像都是低频信号，由于 DCT 的良好能量压缩能力，所以可以将图像的能量汇集到有限的几个低频系数上，即具有较大幅度的 DCT 系数数目相对较少。由式(5-10)、式(5-11)和式(5-12)可知，图像经 DCT 后多数系数的绝对值比较小，当为嵌入较多的隐藏信息修改较多的系数时，由于 DCT 反变换时舍入误差的原因，这些绝对值小的系数不管采用加性、乘性或量化中的哪一种方法进行隐藏信息的嵌入，均很难保证隐藏信息的正确提取。因此，将秘密信息嵌入到自然图像的变换域时，可用于嵌入的系数有限，导致变换域算法的隐藏信息量变得很少，例如，一幅512×512×8 bit 的灰度图像在满足视觉不可感知性要求时的 DCT 域可嵌入的容量一般只有 1000 bit 左右[41]，远低于空间域的 LSB 算法的262144(512×512) bit。要提高 DCT 域算法的信息隐藏量，对于一幅具体图像，如果能提升中高频系数的能量值，则可相应引入更多的可用系数，进而增加信息的嵌入容量。

要提升中高频系数的能量值，需要想办法改变载体图像的低频特性，有效的方法是对载体图像进行频谱均匀化处理。数字图像的频谱均匀化是指在保持图像总能量和信息量不损失的条件下，对其进行适当的处理和变换，使频谱不再具有低通特性，而具有均匀谱特性。频谱均匀化可以使图像的能量散布到所有的频率上，从通信理论的角度来讲，如果把载体图像看成一个信道，那么频谱均匀化处理相当于展宽信道的带宽[96]，使更多的信号可以通过信道传输，进而增加信道的容量。

频谱均匀化过程可以通过对数字图像"预白化"滤波的方法实现，也可以通过像素伪随机排序方法实现。考虑到计算的复杂性和重构图像的精度，采用伪随机排序的方法更切合实际。在像素伪随机排序后的图像中，相邻像素彼此之间不具有任何相关性，图像具有均匀频谱特性，即大多数的变换系数基本相等。当然对一幅具体图像而言，经过伪随机排序的图像并非完全"白化"，其频谱也并非完全平坦，但其中高频系数的能量会有明显提高。对图 5-1 所示的 512×512×8 bit 的标准灰度测试图像 lena,进行伪随机排序(见图 5-2),其伪随机排序前后图像的 DCT系数的排序幅度谱的前 200 个系数对比如图 5-3(a)所示(不包括直流系数)，第200～4000 个 DCT 系数的排序幅度谱对比如图 5-3(b)所示。从图 5-3(a)和图 5-3(b)可以看出图像经伪随机排序后，频谱特性有明显改变，图像在伪随机排序后的排序幅度谱前面 110 个系数的能量比排序前有所下降，但后面系数的能量大幅度上升，可用来隐藏信息的系数数量有显著增长。

图 5-1　标准测试图像 lena

图 5-2　伪随机排序后图像

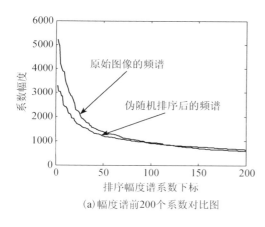

(a)幅度谱前200个系数对比图

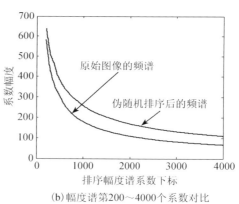

(b)幅度谱第200～4000个系数对比

图 5-3　图像的排序幅度谱

5.2.2　算法描述

目前基于 DCT 域的信息隐藏方法有多种，比较典型的有 Koch 和 Zhao 最早提出的基于 DCT 域的信息隐藏方法，其特点是先对图像进行分块，再对每个分块进行 DCT，并在变换域的中频系数上稍稍改变一个三元组以隐藏二进制序列信息。Cox 等[41]提出了基于图像全局 DCT 域的信息隐藏方法，并明确提出水印应嵌入到图像信息感知重要的部分，不仅能达到提高水印鲁棒性的目的，同时还可防止分块 DCT 域信息隐藏方法可能在视觉上出现的块状效应。可见要提高鲁棒性和不可感知性，采用全局 DCT 方法更好，虽然其计算量比分块 DCT 方法要大些。

但 Cox 等在文献[41]中提出的 DCT 算法在提取隐藏信息时需要原始图像的参与，即不能进行盲提取，因此该算法只适合版权等水印的处理，而不适合于隐秘通信，同时该算法嵌入容量也比较有限，更使其应用场合受到很大限制。为实现信息的盲提取，本节算法采用对 DCT 系数双极性参数抖动调制进行量化的方法。采用量化的方法嵌入信息时，量化参数的选取很关键，参数过小则鲁棒性差，参数过大则不可感知性差。考虑到图像伪随机排序后 DCT 中高频系数的能量虽有明显提升，但频谱并非完全平坦的特点，量化时不同频率的系数采用不同的量化系数，从而在保证不可感知性的前提下，增加可隐藏的信息量。设载体图像为 $I=\{f(x,j),x,y=0,1,\cdots,N-1\}$，待隐藏信息为 $W=\{w_j,j=0,1,\cdots,L-1\}$，DCT 域系数为 $S=\{s(u,v),u,v=0,1,\cdots,N-1\}$，隐藏信息后的图像为 $I^*=\{f^*(x,y),x,y=0,1,\cdots,N-1\}$，则嵌入算法描述如下。

(1)对图像 I 进行置乱得到伪随机排序后的图像 I'。

(2)对图像 I' 进行全局 DCT 得到 DCT 域系数矩阵 $S=\{s(u,v),u,v=0,1,\cdots,N-1\}$。

(3)按 zig_zag 方法取出 S 中除 DC 外的前 L 个系数，并排列成一维数组 $S1$，$S1=\{s1(i),i=0,1,\cdots,L-1\}$。

(4)对 $S1$ 进行修改实现信息的嵌入，每个 DCT 系数采用双极性参数抖动调制量化方法隐藏 1 bit 信息，得到 $S1^*$。考虑到 DCT 系数在低频段的幅度值互相之间相差较大的原因，不同位置的 DCT 系数采用不同的量化参数，其嵌入原则如下。

① 当待嵌入的信息 $w_j=0$ 时，$s1^*(i)=\mathrm{sign}(s1(i))\times\left\lfloor(|s1(i)|+\Delta_i/2)/\Delta_i\right\rfloor\times\Delta_i$。

② 当待嵌入的信息 $w_j=1$ 时，$s1^*(i)=\mathrm{sign}(s1(i))\times(\left\lfloor(|s1(i)|)/\Delta_i\right\rfloor\times\Delta_i+\Delta_i/2)$。其中，$|\cdot|$ 表示取绝对值，$\lfloor\cdot\rfloor$ 表示向下取整，$\mathrm{sign}(\cdot)$ 表示取符号。

(5)用 $S1^*$ 来替换 S 中按 zig_zag 方法排列的除 DC 外的前 L 个系数，得到嵌入有隐藏信息的 DCT 系数矩阵 S^*。

(6)对 S^* 进行 IDCT 运算，得到嵌入有秘密信息的图像 I'^*。

(7)对图像 I'^* 进行逆置乱得到含隐藏信息的图像 I^*。

隐藏信息的提取算法如下。

(1)对图像 I^* 进行置乱得到置乱后的图像 I'^*。

(2)对图像 I'^* 进行全局 DCT，得到 DCT 域系数矩阵 $S^*=\{s^*(u,v),u,v=0,1,\cdots,N-1\}$。

(3)按 zig_zag 方法取出 S^* 的除 DC 外的前 L 个系数，并按顺序排列成一维数组：$S1^*=\{s1^*(k),k=0,1,\cdots,L-1\}$。

(4)根据 $S1^*$ 计算出 $H=\{h(i),i=0,1,\cdots,L-1\}$，其中 $h(i)$ 定义为

$$h(i)=\left|s1^{*}(i)\right|-\left\lfloor\left|s1^{*}(i)\right|/(\Delta_i/2)\right\rfloor\times(\Delta_i/2) \tag{5-14}$$

（5）根据 H 中各元素的值，提取隐藏信息的各比特

$$w(i)=\begin{cases}0, & h(i)<\Delta_i/4\\1, & h(i)\geqslant\Delta_i/4\end{cases} \tag{5-15}$$

5.2.3　实验结果与分析

　　采用图 5-1 所示的 512×512 像素的 lena 图像作为载体，分别隐藏如图 5-4(a) 所示的 30×30 像素秘密图像和如图 5-5(a) 所示的 64×64 像素秘密图像，采用文献[41] 的算法进行实验，提取的图像分别如图 5-4(b)、图 5-5(b) 所示，采用本章算法进行实验，提取的图像分别如图 5-4(c)、图 5-5(c) 所示，隐藏信息后含密图像的 PSNR 值与 VDSF 值如表 5-1 所示，都能满足不可感知性要求。

(a)隐藏图像　　　　　　　　(b)文献[41]结果　　　　　　　　(c)本章算法结果

图 5-4　文献[41]算法与本章算法实验对比结果 1

(a)隐藏图像　　　　　　　　(b)文献[41]结果　　　　　　　　(c)本章算法结果

图 5-5　文献[41]算法与本章算法实验对比结果 2

表 5-1　隐藏信息后载密图像的 PSNR 与 VDSF 值

隐藏图像 大小/像素	文献[41]算法 的 PSNR 值	本章算法 的 PSNR 值	文献[41]算法 的 VDSF 值	本章算法的 VDSF 值
30×30	35.56	45.35	47.6885	48.6315
64×64	35.09	42.31	47.1964	48.3686

　　再采用 256×256 像素的 lena 图像作为载体，采用文献[41] 的算法隐藏如图 5-4(a) 所示的 30×30 像素秘密图像，提取的图像如图 5-6(a) 所示，采用本节算法隐藏如图 5-5(a) 所示的 64×64 像素秘密图像，提取的图像如图 5-6(b) 所示，隐藏信息后含密图像的 PSNR 分别为 34.8132 和 39.6136，VDSF 分别为 45.7505 和 46.4770。由此可见，本节算法的嵌入容量达到文献[41] 的算法的 4 倍时，其不可感知性仍

优于文献[41]的算法。

(a) 文献[41]结果 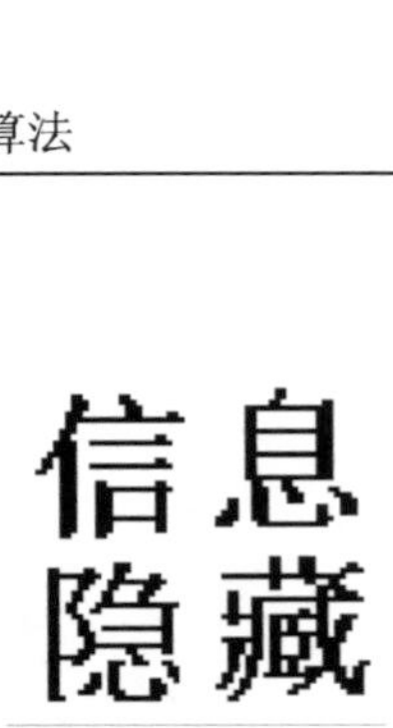　　　　　　　　　　　　　　　(b) 本章算法结果

图 5-6　文献[41]算法与本章算法实验对比结果 3

由以上实验结果可知，文献[41]在大小为 512×512 像素的载体图像上能准确提取嵌入信息的可嵌入容量约为 1000 bit（这也是文献[41]所给出的结论），当嵌入量达到 64×64 bit 时，即使没有加入任何干扰也不能准确提取嵌入的信息，主要是因为嵌入信息后的 DCT 系数矩阵经 DCT 反变换为图像时，需要将实数四舍五入变为整数，这种舍入误差有可能造成信息的丢失，这是所有 DCT 域隐藏算法嵌入容量过大时都有可能碰到的问题；本节算法在 512×512 像素和 256×256 像素的载体图像上嵌入 64×64 bit 的信息均能准确提取，可见本算法的嵌入容量有明显提高，同时由表 5-1 可知本章算法的不可感知性优于文献[41]。

5.3　基于中高频系数的自适应信息隐藏算法

5.3.1　JPEG 压缩中的不变属性

由于人类视觉系统对低频信号的敏感性远大于对高频信号的敏感性，所以在 DCT 域隐藏信息时，在低频段隐藏信息时有较好的鲁棒性，在中高频段隐藏信息时有较好的不可感知性。但由式 (5-8) 所知，高频段的量化值比较大，在高频段嵌入的信息容易被 JPEG 压缩过滤掉，并且由于 DCT 逆变换时存在的舍入误差，即使不对载密图像进行 JPEG 压缩，嵌入的信息也有可能被破坏掉。并且实验还表明，噪声数据也容易破坏在高频段嵌入的信息，因此许多文献都倾向于选择 DCT 中频系数或低频系数[12,41]甚至直流系数[140]作为宿主序列，但是人类视觉对中低频分量时的改变比较敏感，这使在中低频系数嵌入的信息容量和强度不能过大。实验表明，利用 JPEG 压缩的不变性[141,142]，采用在中高频系数中嵌入信息的方法，可以使嵌入的信息有较好的鲁棒性，而不可感知性却明显强于在中低频系数嵌入信息的方法，因此可增加嵌入容量。

设 $F(u, v)$ 是某幅图像 X 互不重叠的某个 8×8 像素块的 DCT 系数矩阵，$\boldsymbol{Q}_m$ 是某预先选定品质因子对应的 JPEG 有损压缩量化矩阵。对任意 $u, v \in \{1, 2, \cdots, 64\}$，定义

$$\hat{F}(u,v)=\text{round}\left(\frac{F(u,v)}{Q_m(u,v)}\right)\cdot Q_m(u,v), \quad \tilde{F}(u,v)=\text{round}\left(\frac{\hat{F}(u,v)}{Q(u,v)}\right)\cdot Q(u,v)$$

如果 $Q(u,v)\leqslant Q_m(u,v)$ ，则

$$\text{round}\left(\frac{\tilde{F}(u,v)}{Q_m(u,v)}\right)\cdot Q_m(u,v)=\hat{F}(u,v) \tag{5-16}$$

式(5-16)的证明如下。

证明　由 $\tilde{F}(u,v)=\text{round}\left(\dfrac{\hat{F}(u,v)}{Q(u,v)}\right)\cdot Q(u,v)$ 可得

$$\tilde{F}(u,v)-\frac{1}{2}Q(u,v)\leqslant\hat{F}(u,v)\leqslant\tilde{F}(u,v)+\frac{1}{2}Q(u,v) \tag{5-17}$$

即

$$\hat{F}(u,v)-\frac{1}{2}Q(u,v)\leqslant\tilde{F}(u,v)\leqslant\hat{F}(u,v)+\frac{1}{2}Q(u,v) \tag{5-18}$$

当 $Q(u,v)\leqslant Q_m(u,v)$ 时，得

$$\hat{F}(u,v)-\frac{1}{2}Q_m(u,v)\leqslant\tilde{F}(u,v)\leqslant\tilde{F}(u,v)+\frac{1}{2}Q_m(u,v) \tag{5-19}$$

式(5-19)满足式(5-16)，因此式(5-16)成立。证毕。

式(5-16)表明：对一个 DCT 系数 $F(u, v)$ 以某个预定量化步长 Q_m 进行量化，得到系数矩阵 $\hat{F}(u,v)$ ，若 $\hat{F}(u,v)$ 再用量化步长小于 Q_m 的量化矩阵 Q 进行量化，则 $\hat{F}(u,v)$ 仍可被精确重构，重构的方法是对压缩后的系数以 Q_m 进行再量化取整。又由于品质因子越高，量化步长则越小，因此图像经过某个预定品质因子的 JPEG 有损压缩后可以对任何大于该预定品质因子的后续 JPEG 有损压缩保持不变，但如果后续 JPEG 压缩品质因子小于选定值,原始量化图像的 DCT 系数则无法重构。

5.3.2　基于 JPEG 压缩不变性的中高频系数信息隐藏算法

根据 JPEG 压缩不变性可知，如果在某个预定量化步长量化的基础上嵌入秘密信息，则秘密信息可以在载体图像承受不超过该量化步长的 JPEG 压缩后不丢失，即不管在低频、中高频或高频系数上嵌入的信息，均可准确地提取出来，从而在保证一定鲁棒性的基础上有较多的信息嵌入位置，为嵌入较多的信息提供了可能。设载体图像为 $I=\{f(x,y),x,y=0,1,\cdots,N-1\}$ ，待隐藏信息为 $W=\{w_j,j=0,1,\cdots,L-1\}$ ，则算法描述如下。

(1)选定一个品质因子 q ，一般可以取 q 为人类视觉最低可以接受的图像品质因子，也就是说任何低于该品质因子进行压缩的压缩图像被视为不可接受的。JPEG

标准推荐图像的品质因子在 50~75 内均为视觉上可以接受的,在本节算法中可按算法需要承受的压缩品质因子来决定,但不应低于 50,否则嵌入信息过多时会引起可感知的失真现象。

(2)根据选定的品质因子 q 和式(5-9)得到量化矩阵的缩放参数 k。

(3)将式(5-8)所示的矩阵乘缩放参数 k 得到一个预定的量化矩阵 $\boldsymbol{Q}_m$。

(4)将图像 I 按 8×8 像素大小进行分块处理。

(5)对每个子块进行信息的嵌入处理,其步骤如下。

① 对子块进行 DCT,得到 DCT 系数矩阵 $\boldsymbol{S}=\{s(u,v),u,v=0,1,\cdots,7\}$。

② 将 DCT 系数按 zig_zag 顺序的逆序,选定 t 个用于嵌入信息的高频系数,t 的值越大,嵌入的信息越多,但不可感知性会下降。为保证良好的不可感知性,t 的取值应由子块的平滑度来决定,比较平滑的子块 t 的值应比较小,而比较粗糙的子块 t 的值应大一些,即为达到嵌入尽可能多的信息又要保证有较好的不可感知性的目的,t 的取值应根据子块的平滑度自适应选取。由于平滑区域经 DCT 后多数系数比较小,而粗糙区域相对来说多数系数比较大,所以可根据子块经 DCT 后的系数分布情况确定子块的平滑情况,即可根据 DCT 系数的分布状况来确定 t 的取值。实验表明,t 的取值为子块的 DCT 系数用式(5-8)所示的矩阵进行量化后非 0 系数个数的一半比较合适。

③ 直接修改用于嵌入信息的那些高频系数,嵌入信息 w_j(每个系数嵌入 1 bit 信息),修改方式为

$$s(u,v)=\begin{cases}0, & w_j=0 \\ \boldsymbol{Q}_m(u,v), & w_j=1\end{cases} \tag{5-20}$$

需要注意的是,那些不用来嵌入信息的 DCT 系数不进行修改,这样可减少因量化而引起的图像的降质。

④ 将修改后的子块的 DCT 系数矩阵进行 IDCT 运算,得到含有秘密信息的子块。

(6)将嵌入信息后的子块重新组合,得到含有秘密信息的载密图像。

隐藏信息的提取步骤与信息的嵌入基本一致,即根据嵌入信息时选定的品质因子 q、式(5-9)和式(5-8)所示的矩阵得到一个预定的量化表 $\boldsymbol{Q}_m$;然后将图像 I 按 8×8 大小进行分块处理,再在每个子块中提取嵌入的信息,在子块中提取信息时采用和嵌入时同样的方法确定嵌入有信息的 DCT 系数;最后按式(5-21)确定相应 DCT 系数中嵌入的内容,即

$$w_j=\begin{cases}0, & s(u,v)/\boldsymbol{Q}_m(u,v)<0.5 \\ 1, & s(u,v)/\boldsymbol{Q}_m(u,v)\geqslant 0.5\end{cases} \tag{5-21}$$

5.3.3　实验结果与分析

采用 JPEG 对图像进行压缩的过程中，当品质因子在大于 75 时，基本感觉不到图像的失真；当品质因子在 50～75 时，虽然有时能感觉到失真，但不明显，即 50～75 是勉强可接受的品质因子；当品质因子低于 50 时，图像会有非常明显的降质，因此在信息隐藏中只需考虑大于 50 的品质因子。选取品质因子 q 为 50，分别在图 5-7(a) 和图 5-8(a) 所示的 512×512 像素的 lena 和 mandrill 图像，采用 5.3.2 节的算法分别可嵌入 28642 bit 和 68052 bit 信息，嵌入的比特数与载体图像的像素数量之比分别为 10.93% 和 25.96%，平均每个子块的可嵌入信息量为 6.9952 和 16.6143，其嵌入容量比目前常用的 DCT 算法[41,140]有大幅度的提高。从该数据可以看出，对于不同平滑度的图像其可嵌入的信息量明显不同，这正反映人类视觉对图像粗糙区的噪声不敏感而对平滑区的噪声较为敏感这一特性。选取随机噪声对图 5-7(a) 和图 5-8(a) 实行满嵌入后的图像分别如图 5-7(b) 和图 5-8(b) 所示，嵌入信息后与原始图像的 PSNR 指标分别为 32.5544，30.1620，嵌入信息后与原始图像的 VDSF 指标分别为 46.5474，43.0240，可满足不可感知性要求，事实上仅凭肉眼是无法区分图 5-7 与图 5-8 中原始图像与载密图像的区别的。

(a) 原始图像

(b) 载密图像

图 5-7　原始图像 lena 与载密图像对比

(a) 原始图像

(b) 载密图像

图 5-8　原始图像 mandrill 与载密图像对比

对图 5-7(b)和图 5-8(b)分别进行品质因子为 70、60、51 的压缩处理后进行隐藏信息的提取的实验，嵌入的信息能 100%正确提取，这与理论分析一致，但进行品质因子为 40 和 20 的压缩处理后，所有嵌入的信息基本丢失，这也与理论分析一致，即算法对高于预设的品质因子的压缩是鲁棒的。

用图 5-9(a)所示的二值图像作为秘密信息嵌入到图 5-8(a)中进行抗压缩和抗干扰实验，则用高于预设的品质因子压缩后提取的秘密信息如图 5-9(b)所示，它与图 5-9(a)完全一致；用一个低于预设的品质因子压缩后提取的秘密信息如图 5-9(c)所示；分别在嵌入信息后的载密图像中加入 0.5%的椒盐噪声和高斯噪声后进行提取，提取的内容分别如图 5-9(d)和图 5-9(e)所示；加入噪声后用不低于预设的品质因子压缩后再进行提取，情况也基本一致，可见本节算法对噪声干扰有一定的鲁棒性。

信息 信息
隐藏 隐藏
信息 信息
隐藏 隐藏

(a)待嵌入图像

信息 信息
隐藏 隐藏
信息 信息
隐藏 隐藏

(b)高品质因子压缩后提取

(c)低品质因子压缩后提取

信息 信息
隐藏 隐藏
信息 信息
隐藏 隐藏

(d)加 0.5%椒盐噪声后提取

信息 信息
隐藏 隐藏
信息 信息
隐藏 隐藏

(e)加 0.5%高斯噪声后提取

图 5-9　抗压缩和抗干扰实验结果

5.4　本 章 小 结

DCT 域信息隐藏算法是目前变换域中应用最广的隐藏算法,本章介绍了 DCT 与常用的 JPEG 压缩标准的关系,在分析了 DCT 域 AC 的分布特性和 DCT 域信息隐藏算法特点的基础上,指出了影响 DCT 域信息隐藏算法嵌入容量的一些原因。针对 DCT 域信息隐藏算法信息隐藏量小的缺点,在保证有较好鲁棒性和不可感知性的前提下,提出了两种大容量的 DCT 域信息隐藏算法。

根据 DCT 系数的分布特性,多数 AC 的绝对值非常小,不利于隐藏信息。本章提出的基于频谱均匀化的信息隐藏算法，通过频谱均匀化处理，获得更多的可用于隐藏信息的 DCT 系数，从而大大提高了算法的可嵌入容量。该算法先对载体图像进行伪随机排序和全局 DCT 操作，得到频谱均匀化的 DCT 系数，再将隐藏信息嵌入到低频 DCT 系数上。由于信息嵌入在感知重要的低频系数上，有利于提高其鲁棒性，同时由于信息嵌入在全局 DCT 系数上，所以可防止分块 DCT 域隐藏算法可能在视觉上出现的块状效应。实验表明，该算法的嵌入容量比同样是在全局 DCT 低频系数嵌入信息的算法容量大很多，且不可感知性更好。

根据 JPEG 压缩不变性，提出了一种在高频系数中嵌入信息的隐藏算法，该算法不仅对不超过预设品质因子的有损压缩有强鲁棒性，而且对噪声干扰也有一定鲁棒性。由于是在高频系数上嵌入信息，所以嵌入的信息有较好的不可感知性，能在保持良好的不可感知性的约束条件下，提高算法的嵌入容量。

本章提出的两种算法在提取隐藏信息时，均不需要原始图像和其他辅助信息，是一种完全意义上的盲提取，可应用于隐秘通信。

第6章　二值图像大容量信息隐藏算法

　　二值图像即黑白图像，是一种应用非常广泛的图像。随着全球信息数字化进程的日益加快，大批的重要资料，如个人档案、医疗记录、学历证书、专利证件、手写签名、设计图样、馆藏图书、机要文件等，已扫描成数字化文档以二值图像的方式备存。显然与一般的灰度、彩色图像或音频、视频相比，这些二值图像的价值要昂贵得多，因此在其中隐藏保护性信息(如数字水印)也就显得尤为重要。二值图像不同于灰度图像具有丰富的灰度级，它的每个像素点只用一位二进制码表示，"0"表示黑像素，"1"表示白像素。由于黑、白两种像素的对比明显，随意改变二值图像的像素都有可能引起明显的修改痕迹，特别是在二值图像的单调区域通过翻转黑白像素来隐藏信息而不引入可见的痕迹几乎是不可能的，因此在二值图像中嵌入大容量的信息是非常困难的。在灰度图像或彩色图像中行之有效的信息隐藏方法不能直接用于只含有黑白两种颜色的二值图像中，因此，需要单独研究以二值图像为载体的信息隐藏技术。

6.1　二值图像信息隐藏的特点

　　二值图像只有两个灰度级，即图像的内容"非白即黑"，每一个像素可以用一位二进制码"0"或"1"表示，"0"表示黑像素，"1"表示白像素。根据韦伯定律可知，当一个像素点像素值的修改量低于可感知门限时，视觉系统就无法感觉到信号的存在。在灰度图像中将一个像素的 LSB 由"0"修改为"1"(或反之)来嵌入一位信息时不会引起任何可感知的失真，但二值图像却不同，将一个像素点的值由"0"修改为"1"(或反之)时，该点的变化量已远超出可感知门限值，因此在二值图像中改变一个像素点的值时，如果将该像素点单独考虑，则该修改肯定是可以被感知的。这使得在二值图像(见图 6-1(a))中嵌入信息，不能像在灰度图像或彩色图像中那样可以孤立地考虑一个像素[143,144]，在修改一个像素嵌入信息时，必须考虑该像素的邻域状况。如果在周围全是"0"的区域中将一个像素由"0"修改为"1"，即在一片黑色的区域中出现一个白点，则很容易被察觉，如图 6-1(b)所示；在周围全是"1"的区域中将一个像素由"1"修改为"0"，即在一片白色的区域中出现一个黑点，情况也是一样的，如图 6-1(c)所示；如果在黑白区域交界处将一个像素由"0"修改为"1"(或反之)，则一般不会引人注意，如图 6-1(d)所示。因此在二值图像中嵌入信息必须在黑白区域交接处进行。

(a) 原始二值图像

(b) 修改黑色单调区域

(c) 修改白色单调区域

(d) 修改黑白交界处

图 6-1　二值图像修改不同区域的像素值的感知影响

灰度图像可以在变换域进行信息的隐藏，由于空间域图像数据是整数，所以由变换域反变换回空间域时，一般都会存在舍入误差，但误差不会很大，因此只要嵌入强度不是太低，隐藏的信息不会因这种舍入误差而丢失。但对于二值图像，情况却有明显不同，对二值图像来说，在变换域嵌入水印信息，再返回到空间域后，为了确保图像的二值性，需要进行二值化处理，而这种二值化操作通常会大大削弱隐藏信息的强度，甚至会除去水印信息。Lu 等[145]证明：对于二值图像，若通过修改 DCT 系数的直流系数(DC)来嵌入水印，则经二值化操作后，嵌入的信息将不复存在。由此可见，对灰度图像适用的 DCT 域信息隐藏算法不适合于二值图像。

在二值图像中进行信息隐藏有两种基本途径[146]：一是修改单个像素值，二是修改一组像素值。第一种方法是将一个黑像素修改成白像素或者将一个白像素修改成黑像素；第二种方法是修改二值图像的笔画、线条等的粗细、曲率、相对位置等特征，这种方法一般更多地依赖于图像的类型(如文本、图纸等)。在对隐藏信息进行盲提取和不可见的前提下，除了特殊的二值图像类型，第二种方法的信息隐藏量是极为有限的。

6.2　二值图像信息隐藏算法研究现状

近年来国内外学者已在二值图像的信息隐藏方面提出了一系列算法，目前针对二值图像信息隐藏算法可以分为以下几类：①通过修改二值文本文档中的行间距或字间距来嵌入数据；②将二值图像分成特定大小的图像块，通过计算图像块中某些像素的统计特性等方法嵌入数据；③通过修改某些特定区域的边界模式来嵌入数据；④通过修改字符的某些局部特征嵌入数据；⑤通过修改游程长度将秘密信息隐藏到传真文档中；⑥在图像的半色调图像中基于误差扩散来嵌入数据。

6.2.1　修改二值文本文档中的行间距或字间距的信息隐藏算法

根据人类视觉特性，当文本行的垂直位移量小于1/300英寸（1英寸=2.54 cm）、单词的水平位移量小于 1/150 英寸时，人眼将无法辨认出来。对于文本文档，在正常情况下，所有相邻两行的间距都是相同的，相邻的字符之间的间距也是相同的。修改行间距或字间距的信息隐藏算法，就是通过对二值文本图像中行与行之间或字与字之间进行微小的位移调整来嵌入信息。尽管此时行与行之间或字与字之间的间距不再相同，但是如果没有原始文档进行对照，则人眼是无法辨认出来的，从而完成了信息的隐藏。

从原理上来看，修改行间距的信息隐藏算法的嵌入策略非常简单，用户只需要根据所要隐藏的秘密信息，在文字处理程序中调整行间距，用秘密信息调制文本的行间距参数，即可完成信息的嵌入过程。例如，字符行向上移嵌入"1"，向下移嵌入"0"；字符向左移嵌入"1"，向右移嵌入"0"。隐藏信息后的文档可以以电子文档分发，也可以将其打印印刷成硬复制分发。修改行间距信息的隐藏算法具有很强的鲁棒性，即使经过多次复制，或对页面按某个伸缩因子进行多次缩放，嵌入的信息也可以检测出来。这是因为复制操作在页面引起的失真较平缓且主要在同一方向，它几乎不改变上下两个参考行的相对距离，不影响检测的性能。这些特性使行间距编码技术能够抵御大部分变形攻击。

提取信息时，可以通过分析行间距或字间距来判断嵌入的内容，而不需要原始文档进行对照，可以实现盲提取。基于行间距的信息隐藏算法的具体提取方法为：在信息嵌入时分为嵌入行和控制行，控制行的行间距保持不变，只对嵌入行的行间距进行检测即可。这样检测时控制行的行间距与字符间距就可以作为参考间距，通过行间距的检测与比较即可完成检测。如果这一行上移，则编码为"1"；如果这一行下移，则编码为"0"。行间距的检测与比较可以采用质心检测法，质心定义为水平轴上一行的中心。用 Δ_{R_+} 表示被检测行和其上一个不动行的质心之间的距离，用 $\Delta_{R,-}$ 表示被检测行和其下一个不动行的质心之间的距离，并用 $\Delta_{X,+}$ 和 $\Delta_{X,-}$ 表示在原来未做修改的文档中相应的质心距离。

　　根据质心距离的变化可以确定这一行量上移了还是下移了。如果

$$\frac{\Delta_{R,+}-\Delta_{R,-}}{\Delta_{R,+}+\Delta_{R,-}} > \frac{\Delta_{X,+}-\Delta_{X,-}}{\Delta_{X,+}+\Delta_{X,-}} \tag{6-1}$$

则说明它与上一行的距离被增大，即这一行被下移，嵌入的信息为"0"。如果

$$\frac{\Delta_{R,+}-\Delta_{R,-}}{\Delta_{R,+}+\Delta_{R,-}} < \frac{\Delta_{X,+}-\Delta_{X,-}}{\Delta_{X,+}+\Delta_{X,-}} \tag{6-2}$$

则说明它与上一行的距离被减少，即这一行被上移，嵌入的信息为"1"。定义函数为

$$f(R)=(\mathrm{sgn}(\frac{\Delta_{X,+}-\Delta_{X,-}}{\Delta_{X,+}+\Delta_{X,-}}-\frac{\Delta_{R,+}-\Delta_{R,-}}{\Delta_{R,+}+\Delta_{R,-}})+1)/2 \tag{6-3}$$

则 $f(R)$ 的值就是要提取的信息(如果 $f(R)$=0.5 则表示该行没有隐藏信息)。

　　为了方便准确地提取水印信息，通常页面上第一行、最后一行和较短的行都不作为嵌入的行，不进行编码。

　　修改字间距的隐藏算法的信息嵌入过程与修改行间距的隐藏算法基本一致，例如，待嵌入信息的词块与它左边的基准词块之间距离增大，则表示嵌入的信息位为"1"；如果它与右边基准词块间距离增大，则表示嵌入的信息位为"0"。根据经验，人眼无法辨认 1/150 英寸以内的变化。其实多数字处理软件在对文档的排版时，文档的对齐处理经常采用变化的单词间距，使文本在外观上吸引人，说明读者可以接受文本中单词间距在一行上的广泛变化。与修改行间距的信息隐藏算法类似，修改字间距的隐藏算法在嵌入过程中，还需要设置一些字间距不变的基准词块作为检测信息的参考和补偿因打印、扫描等所引起的非线性失真。从原理上讲，修改字间距的隐藏算法可以通过调整任意两个字符间的间距来嵌入信息，唯一的限制是被编码的行的所有词间距的位移的总和应等于 0，以保持行的正确排序不被打乱，因此在应用上每行可以嵌入多个比特的信息。在提取嵌入的信息时，修改字间距的隐藏算法需要确定基准词块的准确位置。因此，信息的提取过程要比修改行间距的信息隐藏算法复杂些，抗攻击的能力也比修改行间距的信息隐藏算法弱。

　　如果嵌入信息后的文档以电子文档的形式分发，则可以直接提取；如果是打印成纸质印刷品的形式分发，则需要对纸质印刷品进行扫描，在扫描得到的文本图像中提取信息。由于纸质形式的载密文档经过污染磨损，或者多次复制后得到的文本图像难免会引入一定的噪声，所以不适合直接提取信息，即在提取前需要进行一些预处理。预处理的主要步骤有去除椒盐噪声、倾斜矫正、二值化等。文

本图像通常是由一些设备再生的，复印机、扫描仪等都可以看成是一个有噪信道，产生的噪声可以认为主要是椒盐噪声。降低椒盐噪声的一个有效方法是进行中值滤波。复印和扫描的过程会使文本发生倾斜，在提取之前需要先对倾斜进行矫正，然后再将扫描图像进行二值化处理，得到二值图像，二值化阈值的确定可用全局阈值法、局部阈值法或两者结合的算法[147]。

修改行间距的信息隐藏算法具有较高的鲁棒性，但由于一行只能嵌入 1 bit 信息，所以嵌入容量比较小；而字间距调整法可以嵌入的信息容量较大，但鲁棒性较差。在实际应用中，还可以将行间距调整法与字间距调整法结合起来使用。

基于类似的原理，文献[148]介绍了一种通过改变字符的尺寸来嵌入信息的方法，因为字符或单词的高度可以略微改动一点，或是宽度略微改动一点时不会引起明显的视觉感知变化。与调整文本行间距或字间距的嵌入方法相比，这种信息嵌入方法具有较高的嵌入容量。实验结果表明文本字符的尺寸改变 1/300 英寸就可以可靠检测，并且能够抵御反复影印的攻击。水印嵌入时，总是修改当前字符或单词的尺寸，而与之相邻的单词或字符的尺寸保持不变，这样在水印提取时相邻的单词或字符的尺寸就可以作为参考尺寸。这种水印嵌入方法对字符的倾斜非常敏感，文本页的微小旋转会严重影响水印的提取，即使进行倾斜校正也于事无补。因此如何抵御旋转攻击是改变字符的尺寸来嵌入信息的方法需要进一步改进的内容。

6.2.2　分块隐藏方法

图像的分块信息隐藏方法是一种较为典型的隐藏方法，这一类嵌入方法就是先把图像分成大小为 $M×N$ 的子块；然后对划分的子块进行分析，确定哪些块可以用来嵌入信息，对可以用来嵌入信息的子块按照某种规则进行计算，确定嵌入策略；最后根据嵌入策略找出可以修改的像素，并直接对该像素进行修改。图像的分块隐藏方法具有算法简单、隐藏容量大和相对于其他算法而言具有更强的实用性等优点，对所有的二值图像均适用。

为避免在单调的区域中修改像素而引入明显的修改痕迹，分块隐藏算法将划分的子块分为可用块和不可用块两类。将那些全 "0" 或全 "1" 的子块定义为不可用块，因为全 "0" 或全 "1" 的子块是只含全黑或全白的单一像素的图像块，修改这类图像块中的像素容易被人眼所察觉，所以不能用来隐藏信息；而同时包含 "0" 和 "1" 两种像素值的图像块则定义为可用块，这些子块处于黑白区域的交界处，精心选择修改这些图像块中的像素值一般不易被察觉，所以这类图像块能够被用来嵌入信息。

Wu 等[149]提出了一种典型的分块隐藏方法，该方法将二值图像分成 3×3 大小的子块。数据嵌入时，通过需嵌入信息是 1 还是 0 来调节子块内黑像素的总数的奇偶性，黑像素总数为奇数和偶数分别代表嵌入 1 和 0。为减少修改像素可能带来的失真，先计算子块中像素的翻转优先级，一个像素的翻转优先级可以表示为翻转后视觉失真的估值，具有最低优先级的像素被用来嵌入数据。在视觉失真度量上，考虑以该像素为中点的 3×3 窗口内的平滑性和连接性。平滑性由水平、垂直和对角线方向的像素变化情况决定，连接性由窗口内的黑簇和白簇数量评价。为了均衡图像中的嵌入数据，增加随机置换所有可翻转的像素的步骤。Wu 等提出的方法在提取数据时很简单，只要根据子块内黑色像素总数的奇偶性就能确定隐藏的信息是 1 还是 0，而不需要原始的图像。子块内黑色像素的个数控制还可通过另一种方式完成：选择一个量值，大小为 Q，强制使像素组中的黑色像素个数等于 $2kQ$ 以嵌入水印信息 "0"，其中 k 为正整数；或者强制使像素组中的黑色像素个数等于 $(2k+1)Q$ 以嵌入水印信息 "1"。通过增大 Q 值可得到更好的鲁棒性，但同时也会增加数据处理的次数并使图像质量下降。

为提高鲁棒性，文献[150]中将载体图像分成 8×8 的子块，用每个子块中黑白像素的多少来表示嵌入的信息，具体的嵌入策略为：根据图像块中黑色像素所占百分比，设定一个门限，用子块中黑色像素的百分比超过门限来表示 "1"，低于门限表示 "0"。对每个子块按上述嵌入策略进行修改即可完成嵌入。对于一般的二值图像，该算法在嵌入时修改图像内黑白变化比较分明的边界像素；对于半色调图像嵌入时修改那些孤立的像素点，否则大量的像素修改会引起明显的视觉异常。文献[150]提出的方法对某些有损压缩、低通滤波和图像格式转换等操作具有一定鲁棒性，但嵌入信息后的图像质量会明显降低，并且门限值越高，降质越明显。

为提高隐藏容量，刘春庆等[143]将图像分割成 2×2 的小块，并根据子块是否为全黑或全白，将这些子块划分为可用块和不可用块。在可用块中，若黑色像素的个数为奇数，则该块称为奇块；若黑色像素的个数为偶数，则该块称为偶块。然后利用图像块的奇偶性将二进制信息嵌入到可用块中。在每个可用块中，只要任意修改一个像素，就可实现奇块与偶块的转换。结果表明，每嵌入 1 位信息平均修改 0.5个像素，并且修改后的像素与该块中同值像素的最大距离在 1.41 附近。所以此方法有计算量小，嵌入信息量大，图像失真较小的优点。不过处理后的图像鲁棒性不够强，一旦经过打印再扫描处理，会造成嵌入信息的丢失。针对该问题，作者提出了可以通过对秘密信息进行纠错编码或扩频调制后再嵌入到二值图像中的设想。为保证信息的安全性，刘春庆等提出的算法使用密钥确定嵌入信息的可用块序列。

6.2.3　文字特征修改法与边界修改法

文字特征修改法与边界修改法都是对文字的笔画进行细微处理来嵌入信息，主要用于文本文档的信息隐藏。

　　文字特征修改算法根据文字的笔画特征进行嵌入，具有较好的视觉效果。Amamo 和 Misaki[151]给出了这种算法的具体实现方式。

　　(1)使用连接部件分析辨认出图像的文本区。然后按照空间封闭性分组，每组都有一个被分成四个部分的子块，这四个子块分成两个集。首先分析字体的笔画连接，然后根据分析结果按笔画分块，再将分得的笔画块分成四个部分。

　　(2)计算每个笔画的平均宽度，取其平均值，一般用游程来计算。

　　(3)定义两种操作："变粗"和"变细"，这通过增加和减少垂直游程的宽度来实现。

　　(4)将四个笔画块分成两组，通过让一组笔画变粗，另一组笔画变细来完成信息嵌入。嵌入策略很简单：第一组变粗和第二组变细表示嵌入"1"，反之则表示嵌入"0"。

　　信息提取也比较简单，首先按嵌入时的分块方式对图像进行分块；然后计算笔画的粗细，比较每个笔画的四个子块的粗细是否相同即可完成提取。该方法能抵抗打印再扫描重新数字化过程中的变形攻击，只要数字化后的图像中相应笔画仍然位于图像中即可。

　　文献[152]提出了一种基于边界修改法的隐藏方法,它首先将字符分成多个基本边界，每个边界的固定边界长度为 5 像素；然后在固定边界长度为 5 像素的边界模式上进行信息嵌入，嵌入策略为把两个视觉相近的边界作为携带信息的边界对(见图 6-2)，其中一个代表"0"，另一个代表"1"，通过视觉相近的边界对互换来携带信息。该算法提取信息时既不需要参考原始文本，也不需要应用任何特殊增强技术。实验结果表明，该方法可以允许在分辨率为 300 dpi 的满篇数字化文档上进行嵌入，每个字符块可以嵌入 5.69 bit 信息；在分辨率为 200 dpi 的文档中每个字符块可以嵌入 5.69 bit 信息；但在分辨率为 100 dpi 的文档中每个字符块仅可嵌入 0.17 bit 信息。该方法除了可以应用于文本文档图像外，还可以应用于工程画图文档图像。

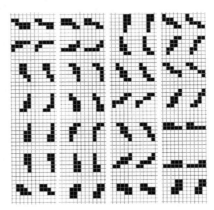

图 6-2　固定边界长度为 5 像素的边界模式

6.2.4　基于半色调图像的嵌入算法

　　半色调技术就是利用单一的颜色在一定区间内的浓度模仿出百余种连续灰度等级，即用数字空间分辨率来换取亮度幅度分辨率，因此其实质是一幅二值图像。由于人类视觉分辨能力有限，所以半色调图像在一定距离外的视觉效果和原始图像相似，即觉得它是一幅连续色调图像。目前半色调图像被广泛应用在报纸、杂志、证件、货币、支票和机密文件等的图像输出上。由于半色调图像用空间分辨率来表示亮度分辨率，所以可以用直接修改像素的方法进行信息嵌入。当然针对半色调图像的嵌入方法也有一些特殊要求，有些算法需要原始的灰度图像。

　　Matsui 和 Tanaka[153]提出了一种修改像素游程的信息嵌入方法,该方法通过修改游程长度进行秘密信息的隐藏，主要针对传真文件等半色调图像实施。传真文件每行包含 1728 个像素，这 1728 个像素包含有许多游程，游程数据采用霍夫曼编码记录数据。具体的嵌入策略非常简单，即修改游程边缘的像素，使游程加 1 或减 1，用游程的奇偶性来携带信息。很明显该方法也可以适用于所有的二值图像，只是在游程较多时会影响图像的视觉效果，但游程太少时嵌入容量又比较小。

　　文献[154]提出了一种基于DCT域的隐藏方法，嵌入策略是通过调整三个DCT中频系数中绝对值最大的那一个的位置来实现信息的嵌入。但严格意义上讲，该算法并不适用于半色调图像，因为其嵌入过程是完全针对灰度图像进行的，只是经打印再扫描后能提取嵌入的信息。为了能保证信息的准确提取，采用重复多次嵌入的方法，该方法的嵌入容量比较小，在256×256 bit 的灰度图像中，只能嵌入56 bit 的信息。该方法对抵抗叠加噪声、几何剪切等攻击的能力也比较差。

　　文献[155]、[156]提出了 3 种直接在半色调图像中进行嵌入的隐藏算法分别为DHST、DHPT、DHSPT，这 3 种隐藏算法不需要原始灰度图。DHST 算法为随机的修改半色调图像的一个孤立的像素使该像素值与要嵌入的数据位相同。DHPT算法为修改随机选择的一对黑白像素，使之携带嵌入信息。DHSPT 算法同样是修改一对黑白像素，在修改时兼顾修改不会明显降低视觉效果的方法。

　　文献[157]对上述 3 种嵌入算法进行了改进。改进后的算法不再随机地选择嵌入位置，而是根据亮度的大小来选择嵌入的位置，一般选择亮度高或亮度低的区域进行信息嵌入，在中间亮度区域不进行信息嵌入。该算法在不降低嵌入容量的前提下改善了嵌入后的视觉效果，但该算法在进行嵌入时需要原图做亮度参照。文献[158]提出了一种基于误差扩散的高容量半色调水印算法，其嵌入容量比文献[155]、[156]有明显提高。

　　综上所述，由于二值图像的特殊性，目前应用于二值图像的信息隐藏算法远没有基于灰度图像的隐藏算法成熟，在很多方面还存在不足：有的不能方便应用于二值文本图像以外的其他二值图像中；有的只能嵌入少量的数据；有的不能将对图像的修改最大限度地散布到整个图像中；有的不仅不能盲提取信息，而且在鲁棒性、隐秘容量、不可感知性、安全性等方面还很不完善，其中最为突出的是隐藏容量小，因此仍有许多工作要做。

6.3　基于分块的大容量信息隐藏算法

6.3.1　分块与嵌入策略

　　在二值图像的隐藏算法中，分块的方法相对于其他的方法来说，有嵌入方法简单、嵌入容量大、隐蔽性好的特点，而修改二值图像的笔画、线条等的粗细、曲率、相对位置等特征的算法的信息隐藏量是极为有限的，因此需要嵌入较多信息的应用场合一般都采用分块算法。分块算法的实现原理就是先把图像分成大小为 $M \times N$ 的子块，对划分的子块按某种规则进行计算，确定嵌入策略；再根据嵌入策略找出可以修改的像素；然后直接对该像素进行修改(将一个黑像素修改成白像素或者将一个白像素修改成黑像素)，从而实现隐藏信息的嵌入。文献[143]、[148]、[149]均提出了基于分块的算法；文献[148]中将图像分割成 3×3 的小块；文献[149]中将图像分割成 8×8 的小块；文献[143]中将图像分割成 2×2 的小块，它们都是每个子块嵌入 1 bit 的信息。显然分块越小，可得到的子块数就越多，可嵌入的容量就越大，文献[143]是目前嵌入容量较大的一种算法。因此本章算法采用 2×2 分块方法。

　　由于二值图像"非黑即白"的特性，在分块后的子块中进行隐藏信息的嵌入时，为了不产生视觉上的明显失真，不能像灰度图像那样孤立地考虑一个像素的嵌入情况，而必须同该像素相邻的其他像素根据人类视觉特性一起考虑。根据人类视觉特性，在一片白色区域中的一个黑点，由于对比明显，在视觉上是非常明显的，同样在一片黑色区域中的一个白点是非常明显的，另外人眼对水平和垂直方向的敏感程度大于对两个对角线方向[159]。因此本算法不在全白或全黑的子块中嵌入信息，而只在同时有黑白像素的子块内嵌入信息，为嵌入信息修改像素的颜色时尽量在对角线方向进行。同时为了实现信息的盲提取，嵌入过程中还需要避免嵌入信息后的子块中变为全白或全黑。

　　如果使用子块内某种像素数量的奇偶性来携带信息，则一个子块最多嵌入 1 bit 信息。为了提高嵌入容量，本算法对可用来嵌入信息的子块根据子块的内容进行分类，对不同类别的子块采用不同的策略，嵌入不同的信息量。为了在盲提取时能准确识别不同子块的信息嵌入量，也为了防止嵌入信息后块的内容可能变为全"1"或全"0"，造成提取信息时的困难，像素块内只用了部分像素点嵌入秘密信息，而用剩下的其他像素点来标示该块是否嵌入有信息和嵌入的信息量。具体嵌入策略为：当块内 4 个像素点中像素值为"0"的个数为 2 时，4 个像素点中用 3

个来嵌入隐藏信息,再修改剩下的那个像素点(如用右下角的像素点),使块中"0"的个数保持为奇数。当块内 4 个像素点中像素值为"0"的个数为奇数(1 或 3)时,4 个像素点中用 2 个来嵌入隐藏信息,再修改剩下的 2 个像素点,使块中"0"的个数保持为 2。因为 4 个像素点中像素值为"0"点的个数为奇数且子块为一个小黑点或小白点时,如果嵌入信息后各像素点值刚好反转,即变为一个三角形的大黑点或大白点,则会出现比较明显的修改痕迹(与周围的块的状态有关)。此时的嵌入策略是只在块内左下和右上的两个像素位置嵌入信息,再通过修改左上和右下两个像素点,使块内"0"的个数为 2,并且在修改左上和右下两个像素的像素值时,尽量保持这两个像素点与周围的像素值相差最小。从以上策略可知,一个子块内黑色(或白色)像素总个数的变化为 1,有利于保证隐藏信息的不可感知性。

6.3.2 秘密信息嵌入算法

将二值图像分为若干个大小为 2×2 的子块,每个子块单独进行信息的嵌入与提取。由于全"1"(全白)或全"0"(全黑)的图像块为全白或全黑的平滑图像块,修改这类图像块中的像素容易被人眼所察觉,所以不能用来隐藏信息,其他块可以嵌入信息,在信息提取时也认为全"1"或全"0"的块中无隐藏信息。算法描述如下。

设载体图像为 $H=\{x_{i,j}, i=1,2,\cdots,2M, j=1,2,\cdots,2N\}$,即载体图像的大小为 $2M\times 2N$,其中 (i,j) 代表图像的像素坐标,$x_{i,j}$ 为相应位置的像素值,$x_{i,j}\in\{0,1\}$,待隐藏信息记为 $W=\{w_t, t=0,1,\cdots,L-1\}$,$w_j=\{0,1\}$。隐藏信息的嵌入按以下步骤进行。

(1) 对需隐藏的信息 m 在密钥 k_1 的控制下进行置乱处理,得到 m^*,这样即可提高嵌入系统的安全性,对于嵌入图像类隐藏信息时还可提高其鲁棒性。

(2) 对图像进行分块。将二值图像 H 顺序分割成 MN 个 2×2 的互不相交的图像块。

$$B_{k,l}=\begin{bmatrix} b_{(k,l),(1,1)} & b_{(k,l),(1,2)} \\ b_{(k,l),(2,1)} & b_{(k,l),(2,2)} \end{bmatrix} \quad (6\text{-}4)$$

式中,$b_{(k,l),(u,v)}=x_{2(k-1)+u,2(l-1)+v}$,$u=1,2$,$v=1,2$,$k=1,2,\cdots,M$,$l=1,2,\cdots,N$。

(3) 在密钥 k_2 的控制下,随机选取一个子块 $B_{k,l}$,$k=1,2,\cdots,M$,$l=1,2,\cdots,N$,进行信息的嵌入处理。由于是随机选取子块进行嵌入,所以知道隐藏方法但不知道密钥 k_2 的攻击者是不能提取隐藏信息的。信息的嵌入策略如下。

① 计算子块中白色像素的个数为

$$y_{k,l}=\sum_{u=1}^{2}\sum_{v=1}^{2}b_{(k,l),(u,v)} \quad (6\text{-}5)$$

② 若 $y_{k,l}$=0 或 $y_{k,l}$=4，则块 $B_{k,l}$ 不嵌入信息，并不对块 $B_{k,l}$ 进行任何修改。

③ 若 $y_{k,l}$=2，则块 $B_{k,l}$ 嵌入 3 bit 信息，嵌入原则为

$$b'_{(k,l),(1,1)}=m^*_{z+1} \tag{6-6}$$

$$b'_{(k,l),(1,2)}=m^*_{z+2} \tag{6-7}$$

$$b'_{(k,l),(2,1)}=m^*_{z+3} \tag{6-8}$$

$$b'_{(k,l),(2,2)}=(m^*_{z+1}+m^*_{z+2}+m^*_{z+3}+1)\bmod 2 \tag{6-9}$$

式中，z 为 $B_{k,l}$ 前面已经嵌入的信息比特数；$b'_{(k,l),(u,v)}$ 为像素点 $b_{(k,l),(u,v)}$ 嵌入信息后的值。

④ 若 $y_{k,l}$=1 或 $y_{k,l}$=3，则块 $B_{k,l}$ 嵌入 2 bit 信息，嵌入原则为

$$b'_{(k,l),(1,2)}=m^*_{z+1} \tag{6-10}$$

$$b'_{(k,l),(2,1)}=m^*_{z+2} \tag{6-11}$$

该子块内的另两个像素点的值分三种情况进行修改。

(a) 若 $m^*_{z+1}+m^*_{z+2}$=0，则

$$b'_{(k,l),(1,1)}=b'_{(k,l),(2,2)}=1 \tag{6-12}$$

(b) 若 $m^*_{z+1}+m^*_{z+2}$=2，则

$$b'_{(k,l),(1,1)}=b'_{(k,l),(2,2)}=0 \tag{6-13}$$

(c) 若 $m^*_{z+1}+m^*_{z+2}$=1，则

$$r_1=b_{(k-1,l-1),(2,2)}+b_{(k-1,l),(2,2)}+b_{(k-1,l),(1,2)}+b_{(k,l-1),(2,1)}+b_{(k,l-1),(2,2)} \tag{6-14}$$

$$r_2=b_{(k+1,l+1),(1,1)}+b_{(k+1,l),(1,1)}+b_{(k+1,l),(2,1)}+b_{(k,l+1),(1,2)}+b_{(k,l+1),(1,1)} \tag{6-15}$$

如果 $r_1>r_2$，则

$$b'_{(k,l),(1,1)}=1,\quad b'_{(k,l),(2,2)}=0 \tag{6-16}$$

否则

$$b'_{(k,l),(1,1)}=0,\quad b'_{(k,l),(2,2)}=1 \tag{6-17}$$

(4) 在密钥 k_2 的控制下，在剩下的子块中再随机选取下一个子块，用步骤(3)所述方法嵌入其他需要隐藏的信息。不断重复此过程，直到所有需要隐藏的信息嵌入完毕。

6.3.3　隐藏信息提取方法

首先将接收到的图像进行与嵌入时同样的分块处理；然后在密钥 k_2 的控制下，按顺序找出可能隐藏有隐秘信息的子块；最后在这些子块中提取隐藏的信息。嵌入信息的提取方法非常简单，若块内"0"的个数为 2，则块内左下和右上的像素值为所要提取的信息；若块内"0"的个数为 1 或 3，则块内除右下以

外的 3 个像素点的像素值为所要提取的信息；若块内 "0" 的个数为 0 或 4，则表示块内没有隐藏信息。

子块中隐藏信息的提取算法如下。

(1) 计算待提取信息的子块中白色像素的个数为

$$y'_{k,l}=\sum_{u=1}^{2}\sum_{v=1}^{2}b'_{(k,l),(u,v)} \tag{6-18}$$

(2) 根据 $y'_{k,l}$ 取值的不同，同嵌入时一样分以下 3 种情况提取出不同数量的隐藏信息。

① 若 $y'_{k,l}=0$ 或 $y'_{k,l}=4$，则该子块无隐藏信息，不进行提取处理。

② 若 $y'_{k,l}=2$，则子块 $B'_{k,l}$ 中含有 2 bit 信息，$b'_{(k,l),(1,2)}$ 和 $b'_{(k,l),(2,1)}$ 为要提取的信息。

③ 若 $y'_{k,l}=1$ 或 $y'_{k,l}=3$，则子块 $B'_{k,l}$ 中含有 3 bit 信息，$b'_{(k,l),(1,1)}$、$b'_{(k,l),(1,2)}$ 和 $b'_{(k,l),(2,1)}$ 为要提取的信息。

(3) 将所有提取出的隐藏信息组合起来，并用嵌入前进行预处理时相对应的置乱算法和相对应的密钥进行逆置乱，从而得到秘密信息。

6.3.4　实验结果与分析

由于常用于评价灰度图像失真的峰值信噪比 (PSNR) 不适合于二值图像，所以为进行客观评价，分别采用文献[142]和本书第 2 章提出的客观度量指标 VDSF 来度量嵌入信息后引入的失真。文献[142]的度量方法通过像素点的值发生变化时它对其周围的 8 个像素点的影响来度量嵌入信息后引入的失真，定义坐标为 (i, j) 的像素点修改后引入的失真 $D_{i,j}$ 为

$$D_{i,j}=\sum_{u=-1}^{1}\sum_{v=-1}^{1}\mathrm{abs}\left(x_{(x-u),(j-v)}-(1-x_{i,j})\right)\times \boldsymbol{k}_{(i+2),(j+2)} \tag{6-19}$$

式中，$\boldsymbol{k}=\begin{bmatrix}1/12 & 1/6 & 1/12\\ 1/6 & 0 & 1/6\\ 1/12 & 1/6 & 1/12\end{bmatrix}$；$1-x_{i,j}$ 为 $x_{i,j}$ 变化后的颜色值。一个像素点修改后的最大失真度为 1，最小失真度为 0。

如果图像有 S 个像素点发生了变化，则整个图像的失真度记为

$$D=\sum_{r=1}^{S}D_{i,j}^{r}/S \tag{6-20}$$

式中，$D_{i,j}^{r}$ 表示第 r 个像素点变化所引入的视觉失真。

图 6-3、图 6-4 和图 6-5 分别为采用中文文本型二值图像、英文文本型二值图像和非文本型二值图像在所有可嵌入信息的子块中均嵌入随机信息后的实验结果，嵌入容量和失真度如表 6-1 所示。由表可知本算法的嵌入容量比文献[143]要

大一倍以上，比其他算法更是大很多，而此时的失真度 D 与文献[143]基本一致，不可感知性指标虽然不及文献[143]，但仍可满足视觉不可感知性要求。

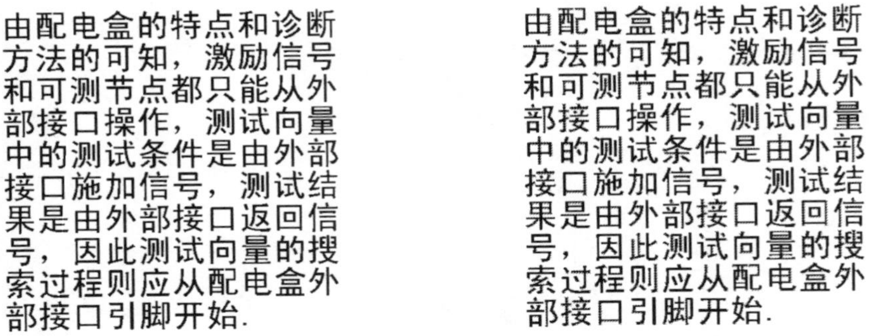

由配电盒的特点和诊断方法的可知，激励信号和可测节点都只能从外部接口操作，测试向量中的测试条件是由外部接口施加信号，测试结果是由外部接口返回信号，因此测试向量的搜索过程则应从配电盒外部接口引脚开始.

（a）原始中文文体型二值图像

由配电盒的特点和诊断方法的可知，激励信号和可测节点都只能从外部接口操作，测试向量中的测试条件是由外部接口施加信号，测试结果是由外部接口返回信号，因此测试向量的搜索过程则应从配电盒外部接口引脚开始.

（b）载密中文文体型二值图像

图 6-3　中文文本型二值图像数据隐藏结果

The traditional high-power thyristor converters most operates in the state of phase-lag control.Its power factor is low and usually produces higher harmonic waves

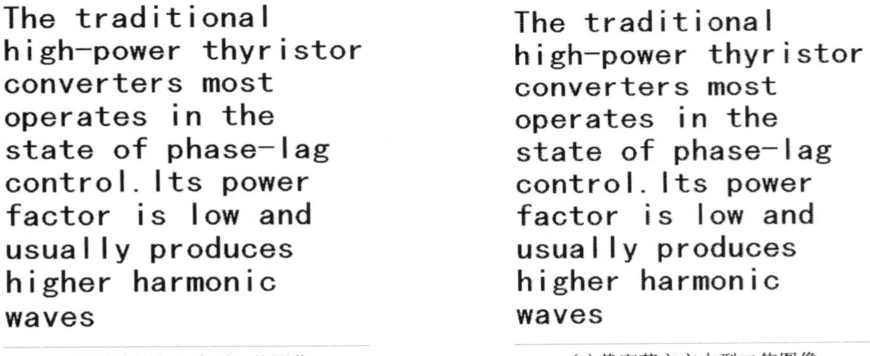

（a）原始英文文本型二值图像

The traditional high-power thyristor converters most operates in the state of phase-lag control.Its power factor is low and usually produces higher harmonic waves

（b）载密英文文本型二值图像

图 6-4　英文文本型二值图像数据隐藏结果

（a）原始非文本型二值图像

（b）载密非文本型二值图像

图 6-5　非文本型二值图像数据隐藏结果

表 6-1 嵌入容量和失真度数据表

二值图像	图 6-3 (中文文本型二值图像)	图 6-4 (英文文本型二值图像)	图 6-5 (非文本型二值图像)
图像大小/像素	256×256	256×256	400×300
可用子块数量	2373	863	1122
文献[143]的嵌入容量/bit	2373	863	1122
本算法的嵌入容量/bit	4746	2289	2774
文献[143]的失真度 D	0.2758	0.3033	0.3128
本算法的失真度 D	0.2762	0.2988	0.3017
文献[143]的不可感知指标 VDSF	43.7657	45.5088	47.5877
本算法的不可感知指标 VDSF	40.5618	40.7563	42.9925

在图 6-5 所示的非文本型二值图像中嵌入如图 6-6(a)所示的 52×52 bit 的二值图像后，提取的图像如图 6-6(b)所示，它与图 6-6(a)完全相同，说明用本算法嵌入的信息能 100%正确提取。

(a)嵌入的二值图像

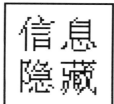
(b)提取的二值图像

图 6-6 嵌入图像与提取图像对比

在本章算法中，信息嵌入到哪些子块中是通过密钥来控制的，同时嵌入信息后的子块与未嵌入信息的子块在特性上无区别，因此算法是完全可以公开的，没有密钥的攻击者无法提取所嵌入的信息。

对同一算法而言，在二值图像中嵌入的数据越多，需修改的像素也相应地会有所增加。如果不采取相应措施，则需取反(由白变黑或由黑变白)的像素点也会相应增加，由此产生的视觉失真也会更加明显。为进一步减少二值图像嵌入信息后的失真，可先提取欲嵌入信息的块并按嵌入顺序将各像素排列好，然后采用文献[160]介绍的方法用遗传算法来寻找一个较好的系统参数，对需隐藏的数据进行变换，使变换后的比特序列与载体的比特序列特征具有较好的一致性，从而减少要取反的像素个数，减少图像的视觉失真。

6.4　本　章　小　结

　　本章分析了二值图像信息隐藏的特点，对已公布的二值图像信息隐藏算法进行分类和比较，指出了一些二值图像信息隐藏算法的弱点和局限性。针对二值图像信息隐藏量小的缺点，在保证有较好不可感知性的前提下，提出了两种大容量的二值图像信息隐藏算法。

　　在分块算法的基础上提出了一种能在二值图像中隐藏大量秘密信息的算法，该算法先将二值图像分割成大小为 2×2 的图像块，再根据每个子块中黑白像素的个数的不同，自适应地确定可嵌入隐藏信息的比特数和信息的嵌入位置。实验证明本章算法的信息隐藏量大，计算复杂度低，载密图像无明显失真。在提取隐藏信息时，只需要根据每个块"0"和"1"的比特数来确定该子块中是否嵌入有隐藏信息，以及该子块中隐秘信息的比特数和位置，因此隐藏信息的提取不需要原始载体图像和其他辅助信息，其算法是一种完全的盲提取。同时在信息嵌入时，嵌入位置是通过密钥控制的，将安全性寓于密钥之中，因此可以将信息隐藏算法公开，符合 Kerckhoffs 加密原则。该算法主要讨论信息隐藏方法，噪声和远距离传输对隐藏信息的影响尚待进一步研究。

第 7 章 半色调图像信息隐藏算法

7.1 半色调图像信息隐藏算法的特点

目前半色调图像被广泛应用在报纸、杂志、证件、货币、支票和机密文件等的图像输出上，它是将一幅连续色调图像(如灰度图像)通过半色调调整技术量化而成的特殊二值图像。由于人类视觉分辨能力有限，半色调图像在一定距离外的视觉效果和原始图像相似，即觉得它是一幅连续色调图像。在未来几十年里，许多数字信息仍会以半色调图像的形式进行复制和传播。数字水印是数字作品版权保护的主要措施之一，目前已有不少基于灰度图像的水印算法，如空间域、变换域、压缩域、基于统计学、基于生理模型等多种数字水印算法[161,162]，但这些算法绝大多数无法直接应用于半色调图像[163]。其主要原因是半色调图像虽然在一定距离外的视觉效果是一幅连续色调图像，但其实质仍是一幅二值图像，随意改变二值图像的像素都有可能引入明显的修改痕迹。基于空间域的算法应用于二值图像时，会直接翻转像素点的黑白属性，要想不引入明显可见的修改痕迹，只能在黑白像素的交界处进行信息嵌入，这大大限制了算法的隐藏容量。基于 DCT 等的变换域嵌入方法，虽然不是直接修改像素值，但将图像反变换回空间域再进行二值化后，隐藏信息的能量会衰弱或增强，从而导致水印信息会受到较强烈的影响甚至无法提取，可见普通的变换域水印方法对半色调图像是同样不适用的。半色调图像水印是当前数字水印研究的一个难点，这方面的文献相对较少，且隐藏的信息均比较少，不适合嵌入图像类水印信息，例如，文献[164]在 256×256 bit 的灰度图像中，只能嵌入 11 bit；文献[154]提出的算法的嵌入量不到 100 bit；文献[165]的嵌入量有较大提高，但仍远小于载体图像的大小；文献[166]提出的一种将一幅二值水印图像嵌入到另一幅二值图像中的方法，它的水印图像的大小也只能为载体二值图像的一半大小。因此在半色调图像中进行大容量的信息隐藏是目前信息隐藏领域的一个重要的研究应用方向。本章利用误差扩散技术，提出了一种基于误差调整的半色调图像水印方案，能将一幅与半色调图像同样大小的二值水印图像嵌入到半色调图像中，使载有水印的图像在经受一定的噪声干扰、污损和旋转的情况下，仍能有效识别水印信息。

7.2 基于误差扩散算法的半色调技术

许多方法可实现数字图像半色调化，常用的半色调技术包括有序抖动处理

(ordered dithering)[167]、误差扩散(error diffusion)[168]、点扩散(dot diffusion)和二值搜索(direct binary search)四大类[169]，其中以有序抖动算法和误差扩散算法应用最为广泛。有序抖动算法利用一个固定大小的阈值矩阵在原灰度图像上一边移动，一边比较，由阈值决定输出像素为 0 或 1，它是一种计算简单且行之有效的方法，其缺点是容易产生有结构的单元模式，使视觉感知上有时连贯性较差。误差扩散算法是将图像量化过程中产生的误差通过滤波器按照一定比例分配给周围像素的半色调技术，即将误差扩散到邻近像素，与有序抖动算法相比，它可产生更高质量的半色调图像，因此应用也比有序抖动算法更为广泛。图 7-1 是误差扩散算法的原理图，其中 h_{mn} 为误差传递算子，也称为扩散内核，误差扩散过程可用下面的公式描述，即

$$f_{ij} = x_{ij} + \sum_{(m,n)\in \mathbf{R}} e_{(i-m)(j-n)} \times h_{mn} \tag{7-1}$$

$$y_{ij} = \begin{cases} 0, & f_{ij} < T/2 \\ T, & f_{ij} \geqslant T/2 \end{cases} \tag{7-2}$$

$$e_{ij} = f_{ij} - y_{ij} \tag{7-3}$$

式中，T 为图像灰度级数，位深为 8 的灰度图像 $T = 255$，产生的半色调图像 255 表示相应的像素为白色，0 为黑色；R 为扫描过程中需要将误差传递给后面的像素点的区域块。

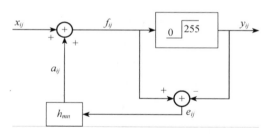

图 7-1　误差扩散算法的原理图

选用不同的误差传递算子可产生不同质量的半色调图像。比较常见的三种误差传递算子有：①Floyd-Steinberg 算子(或直接称为 Steinberg 内核)，如图 7-2 所示；②Jarvis 算子，如图 7-3 所示；③Stucki 算子，如图 7-4 所示。

	(0,0)	7/16
3/16	5/16	1/16

图 7-2　Floyd-Steinberg 算子

		(0,0)	7/42	5/42
3/42	5/42	7/42	5/42	3/42
1/42	3/42	5/42	3/42	1/42

图 7-3　Jarvis 算子

		(0,0)	8/42	4/42
2/42	4/42	8/42	4/42	2/42
1/42	2/42	4/42	2/42	1/42

图 7-4　Stucki 算子

7.3　基于半色调技术的信息隐藏算法

利用基于误差扩散的半色调技术，可以将待嵌入的内容当成噪声扩散到多个点上，并通过相应的平衡处理，使得嵌入水印信息后的图像不出现明显的视觉失真。考虑到半色调技术常用于白纸上打印黑色的图像，所以基于半色调技术的隐藏算法的思路为：当待嵌入的信息为白色时，不含水印信息的半色调图像和含水印信息的半色调图像相应位置均为白色点；当待嵌入的信息为黑色时，不含水印信息的半色调图像和含水印信息的半色调图像相应位置至少有一个为黑色。因此通过不含水印信息的半色调图像和含水印信息的半色调图像利用黑色素相加的原理可显示嵌入的图像，其嵌入原理如图 7-5 所示。图中 a_{ij} 是从邻域已处理过的像素得到的累加扩散误差和，N_B 是为嵌入水印而故意引入的噪声。

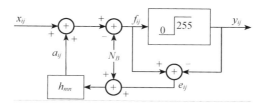

图 7-5　基于误差扩散的信息隐藏算法原理图

为保持较好的视觉不可感知性，在嵌入黑色点时，如果不含水印信息的半色调图像相应位置为黑色时，则应将含水印信息的半色调图像相应位置变为白色，其目的是保持黑白像素点的平衡，改善视觉质量。

设原始图像为 $I=\{x(i,j),\ i=1,\cdots,N,\ j=1,\cdots,M\}$，即原始图像的大小为 $N\times M$，待嵌入的水印为 $W=\{w(i,j),\ i=1,\cdots,N,\ j=1,\cdots,M\}$，$w(i,j)\in\{0,1\}$。如果水印图像大小与原始图像大小不一致，则通过缩放使之与原始图像大小一致。原始图像经式（7-1）、式（7-2）和式（7-3）处理后得到的标准半色调图像为 $P=\{p(i,j),\ i=1,\cdots,N,\ j=1,\cdots,M\}$，嵌入水印后的半色调图像为 $Q=\{q(i,j),\ i=1,\cdots,N,\ j=1,\cdots,M\}$。在进行水印嵌入处理前，先对原始图像进行半色调处理，得到半色调图像 P，然后按从左至右从上至下的顺序取出水印图像的各像素点进行嵌入处理，嵌入规则如下。

(1) 如果 $w(i,j)=1$ ，且 $p(i,j)=1$ ，则按式 (7-1)、式 (7-2) 和式 (7-3) 处理。

(2) 如果 $w(i,j)=1$ ，且 $p(i,j)=0$ ，或者如果 $w(i,j)=0$ ，且 $p(i,j)=1$ ，则需修改式 (7-1) 和式 (7-3) 成式 (7-4) 和式 (7-5) ，并按式 (7-4)、式 (7-2) 和式 (7-5) 处理。

$$f_{ij}=x_{ij}+\sum_{(m,n)\in\mathbf{R}}e_{(i-m)(j-n)}\times h_{mn}-N_B \tag{7-4}$$

$$e_{ij}=f_{ij}-y_{ij}+N_B \tag{7-5}$$

(3) 如果 $w(i,j)=0$ ，且 $p(i,j)=0$ ，则需修改式 (7-1) 和式 (7-3) 成式 (7-6) 和式 (7-7)，并按式 (7-6)、式 (7-2) 和式 (7-7) 处理。

$$f_{ij}=x_{ij}+\sum_{(m,n)\in\mathbf{R}}e_{(i-m)(j-n)}\times h_{mn}+N_B \tag{7-6}$$

$$e_{ij}=f_{ij}-y_{ij}-N_B \tag{7-7}$$

经过以上半色调处理得到半色调图像 Q 就为含有水印的图像。其中 N_B 的值用来控制水印的嵌入深度，N_B 越大，检测时水印图像越清晰，但不可感知性越差。

水印的检测非常简单，只要将不含水印信息的半色调图像 P 和含水印信息的半色调图像 Q 按像素点进行位的与运算 (即进行黑色像素相加)，得到的图像就会显示水印图像。如果将图像 P 和图像 Q 分别打印在透明的幻灯片上，然后将它们对齐叠放，就能看到水印图像，因此本算法可用于普通证件的防伪。

7.4 仿真实验

图 7-6 (a)、图 7-6 (b) 分别为原始图像、待嵌入的水印图像，图 7-6 (c) 为标准半色调图像，图 7-7 (a) 为嵌入有水印的半色调图像，图 7-7 (b) 为图 7-6 (c) 和图 7-7 (a) 按黑色点叠加的结果。

(a) 原始图像　　　　　　　　(b) 待嵌入的水印图像　　　　　　(c) 标准半色调图像

图 7-6　载体图像、嵌入信息和标准半色调图像

(a)含水印的半色调图像　　　　　　　　　　(b)叠加后的图像

图 7-7　嵌入水印的图像与提取的隐藏信息

　　由于常用于评价灰度图像失真的峰值信噪比(PSNR)不适合于半色调等二值图像，所以为对嵌入有水印的半色调图像的失真进行客观评价，采用文献[170]提出的客观度量方法，一般只要 VDSF>40.5 就可满足视觉不可感知性要求。图 7-7(a)相对于图 7-6(c)的 VDSF 值为 41.3,可见本章算法在满足视觉不可感知的前提下，能有效地提取水印信息。

　　为检验本章算法抗剪裁和涂鸦攻击的能力，对嵌入有水印半色调图像进行剪裁和涂鸦后再进行水印的检测,图 7-8(a)为剪裁和涂鸦后的含水印图像;图 7-8(b)为水印检测结果，可见涂鸦不影响水印的检测，在剪裁攻击中未被剪裁的部分能很好地检测出嵌入信息。

(a)剪裁和涂鸦后的含水印图像　　　　　　　　(b)检测结果

图 7-8　进行剪裁和涂鸦后与检测情况

　　再对嵌入有水印半色调图像进行噪声和旋转攻击实验检测，加入 5%椒盐噪声再进行水印检测的结果如图 7-9 所示;旋转 15°后再进行水印检测的实验结果如图 7-10 所示，可见本章提出的算法对剪裁、涂鸦、加入噪声和旋转等有较好的抗攻击性。

图 7-9　加噪声后的检测结果

图 7-10　进行旋转后的检测结果

7.5　本 章 小 结

在半色调图像中加入水印是对报纸、杂志、证件、货币、支票和机密文件等输出的半色调图像进行版权保护和防伪的重要手段，本章提出了一种能在半色调图像中嵌入与载体图像同样大小的水印图像的大容量数据隐藏算法，该算法利用误差扩散算法将待隐藏的信息作为误差信号嵌入到与该位置相邻的多个像素上，解决了多数水印算法嵌入容量小的问题，水印的嵌入过程与半色调处理过程同步进行。从实验结果可以看出：使用本算法嵌入的水印信息的视觉不可感知性好，提取的水印信息清晰，并且含水印图像在受到剪裁、涂鸦、加入噪声和旋转等攻击后，仍能有效地提取出水印图像。本章算法可应用于所有基于半色调技术的图片的认证和防伪。

第8章 基于游程长度的图像大容量信息隐藏算法

目前多数信息隐藏算法侧重于隐藏信息的不可感知性和鲁棒性[171-173]，对信息的不可检测性相对考虑较少，因此安全性还有待提高，要实现安全的信息隐蔽传输，隐藏算法既要使嵌入信息在视觉上不可察觉，又要不使载密载体出现检测方面的统计异常性。目前多数空间域隐藏算法改变了图像的某些统计特性，容易被检测到[174-178]，安全性不高，使其应用受到很大限制。很多借用空间域算法思想的变换域算法，如改变量化后的 DCT 系数的最低有效位(LSB)的算法，也存在同样的安全性问题，并且隐藏容量还远低于空间域算法。本章提出一种基于游程的隐藏算法能有较高的安全性，并且隐藏容量比较大，可满足隐秘通信等需要隐藏大容量信息的需求。

8.1 游程长度的分布特点

游程长度是字符(或信号取样值)构成的数据流中各个字符重复出现而形成的字符的长度，在二进制编码中为码流中两个相邻的"1"(或"0")之间连续的"0"(或"1")的个数。游程长度编码是栅格数据压缩的重要编码方法，它的基本思路为：对于一幅栅格图像，常有行(或列)方向上相邻的若干点具有相同的属性代码，因而可采取某种方法压缩那些重复的记录内容。对于二值图像，游程长度能反映一幅图像像素点在某些方面的分布特性。

对于一幅自然图像数字化后的灰度图像，多数相邻像素点的灰度值是比较接近的，图像越精细，相邻像素点的灰度值接近程度就越高；如果是彩色图像，可将其看成红绿蓝三色所对应的灰度图像的组合，因此在距离上相邻像素点的灰度值的变化是有一定的规律的。如果将灰度图像分解成多个位平面，由于位平面越高，对灰度值的贡献越大，则该平面位相邻的像素点的值相同的可能性越大，所以把灰度图像按位平面分解成二值图像后，能在一定程度上看出原来的灰度图像的大致轮廓，表现在游程上则为游程具有一定的长度[179]，而非噪声特性。各个位平面的二值图像在反映灰度图像轮廓的清晰度上既与位平面有关，也与灰度图像的平滑度有关。

图 8-2(a)～图 8-2(h)为图 8-1 所示的 256×256×8 bit 标准测试灰度图像 bead

按位平面分解后的 8 个二值图像所对应的游程长度的统计特性，其中横坐标为游程长度，纵坐标为游程数量。从图中可以看出，位平面越低，长游程的数量越少，短游程的数量越多，但除了最高位平面外的其他位平面，游程长度在 5 左右的统计数均呈现很高的频率。

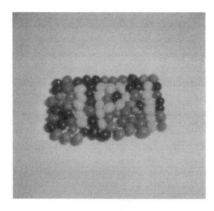

图 8-1　标准测试灰度图像 bead

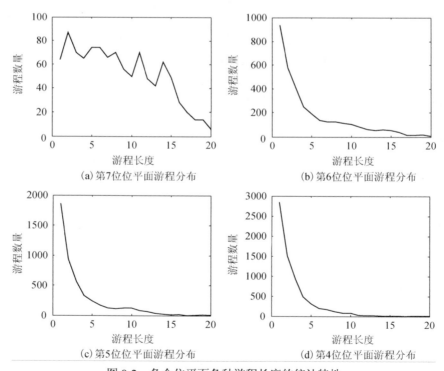

图 8-2　各个位平面各种游程长度的统计特性

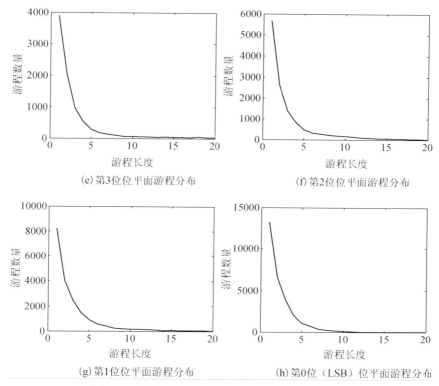

(e) 第3位位平面游程分布　　　　　　　　　(f) 第2位位平面游程分布

(g) 第1位位平面游程分布　　　　　　　　　(h) 第0位（LSB）位平面游程分布

图 8-2　各个位平面各种游程长度的统计特性(续)

　　为更清楚地了解游程长度在 5 以上的分布情况，去掉游程长度在 5 以下的分布情况如图 8-3 所示，从图中可以看出，所有位平面游程长度在 5 以上统计数仍呈现很高的频率，而非噪声特性。在信息隐藏过程中为保证安全性，隐藏的信息一般均通过加密等预处理，这些加密后的信息呈现出噪声特性。如果将低位平面直接替换成加密后的待隐藏信息，则将改变这些位平面的统计特性。

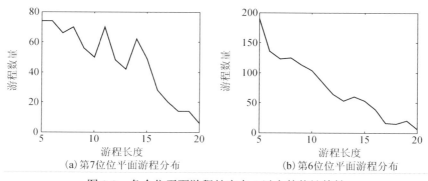

(a) 第7位位平面游程分布　　　　　　　　　(b) 第6位位平面游程分布

图 8-3　各个位平面游程长度在 5 以上的统计特性

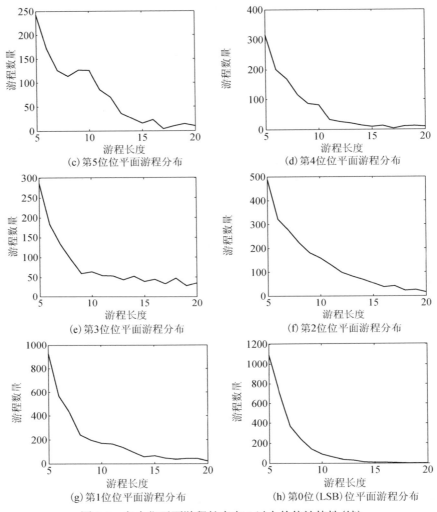

(c) 第5位位平面游程分布　　　　　　(d) 第4位位平面游程分布

(e) 第3位位平面游程分布　　　　　　(f) 第2位位平面游程分布

(g) 第1位位平面游程分布　　　　　(h) 第0位(LSB)位平面游程分布

图 8-3　各个位平面游程长度在 5 以上的统计特性(续)

8.2　典型算法的安全性分析

基于图像的信息隐藏技术，可以归类于两种：基于变换域的隐藏技术和基于空间域的隐藏技术。一般意义上，空间域方法算法简便、信息隐藏量大、信息嵌入和提取速度快。

人眼对图像的感知最终是在空域中进行的，因此各种图像信息隐藏算法的最后视觉不可感知性均可在空间域中进行分析。为了保证隐藏信息的不可感知性，多数以图像为载体的信息隐藏算法，秘密信息的嵌入位置均选择人眼感知性差的位置，其典型就是 LSB 隐藏算法。LSB 隐藏算法是一种非常简单有效的隐藏算法，并且具有非常好的不可感知性。目前大多数空域水印方案都是使用基于图像像素 LSB 的嵌入策略或进行了一定改进的策略，甚至不少变换域的算法，也能找到 LSB 算法的影子，如典型的 JSTEG 算法，它与空间域的 LSB 算法的区别是将空间域的灰度值更换为量化后的 DCT 系数。为了加强隐藏的秘密信息的安全性，秘密信息在嵌入前往往经过加密处理，可以把它看成是 0 和 1 随机分布的比特流。基于 LSB 算法的安全性取决于图像的 LSB 位平面是否呈现随机特性，然而多数图像的 LSB 位平面并非呈现随机特性，如图 4-6 所示的 bird 图像的 LSB 位平面就呈现非常明显的非随机特性；有些图像在所有的平面位均能见到图像的轮廓，如图 8-1 所示的 bead 图像，各个位平面分解后的从最高位到最低位的位平面图分别如图 8-4(a)～图 8-4(h)所示。从图中不难看出，各个位平面均可见到原始灰度图像的轮廓，而非呈现随机特性。

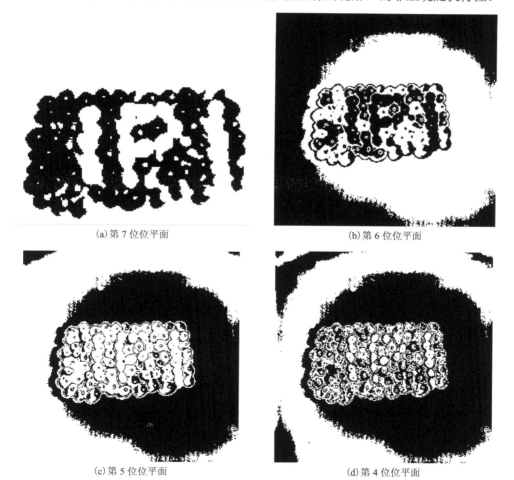

(a) 第 7 位位平面　　　　　　　　　　　　　　(b) 第 6 位位平面

(c) 第 5 位位平面　　　　　　　　　　　　　　(d) 第 4 位位平面

图 8-4　bead 图像各个位平面分解图

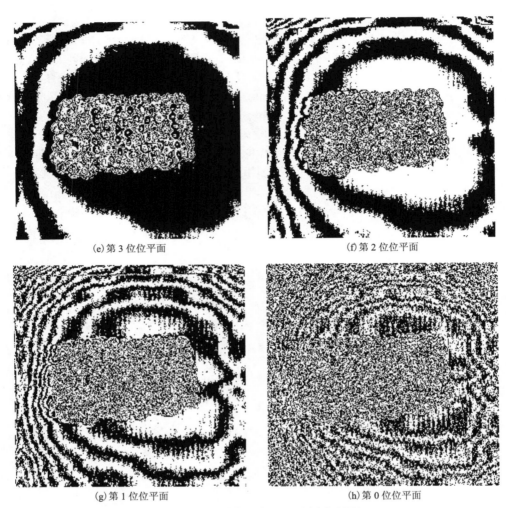

(e)第3位位平面   (f)第2位位平面

(g)第1位位平面   (h)第0位位平面

图 8-4　bead 图像各个位平面分解图(续)

　　在隐写分析中，主要关心的不是原始图像与载体图像的相似程度，而是要将载体看成噪声，在噪声中检测出隐藏的信息，因此信息隐藏算法的安全性主要取决于隐藏信息的不可检测性。

　　在信息隐藏的嵌入过程中，被嵌入的信息一般为先加密再进行嵌入的。由于加密后的信息呈现出随机特性，如果将这些信息直接嵌入到图像中，则容易造成图像游程特性的改变，在游程的分布特性上表现为长游程数量的减少，而短游程数量的增加，不管用空间域的 LSB 类算法还是变换域的随机改变变换域低频系数的算法，均会破坏其自然属性，所以抗检测性能不好。卡方(χ^2)分析方法就是根据图像的 LSB 是否呈现随机性这一特点来进行隐写分析的。文献[180]更是提出，长游程个数的减少数量与隐藏信息的嵌入比例是一致的。可见，基于 LSB 的隐藏算法虽然有较好的不可感知性，但安全性并不好，不适合在隐秘通信等应用中使用。很多借用空间域算法思想的变换域算法，如改变量化后的 DCT 系数的 LSB 算法，也存在同样的安全性问题，并且隐藏容量还远低于空间域算法。为加强算法的安全性，必须解决长游程数量减少的问题。

人眼视觉系统的主要功能是提取视场中的结构信息[181,182]，在信息隐藏技术上，主要运用的人眼视觉特性有三个方面：视觉空间频率敏感特性、对比度掩蔽特性和亮度掩蔽特性[170]。目前多数算法主要利用亮度掩蔽特性，而没有利用其他特性。其实利用其他特性，即使单个像素点的亮度掩蔽特性不满足要求，照样可以隐藏信息，如在二值图像中隐藏秘密数据就是一个典型的例子[113]。二值图像只有黑白两色，冗余空间较少，为了保证隐藏信息的不可感知性，通常将数据嵌入在黑白交界处。在一幅二值图像中，当一个方向上出现连续多个同值的像素时，增加或减少一个同值像素点，人的视觉系统一般很难感知到这种变化，并且随着连续同值像素点数量的增加对这种变化的感知性越来越弱，因此当游程长度超过一定的值时，即使游程的长度增加 1 或减少 1 时，也不会影响视觉的感知效果，具有较好的不可感知性。但为了解决安全性问题，必须防止长游程数量的减少。

8.3　基于游程长度的信息隐藏算法

8.3.1　基于游程长度的嵌入策略

算法的基本思想是将灰度图像(或彩色图像的各个颜色分量)不同的位平面看成一幅二值图像，通过将灰度图像或彩色图像按位平面分解成多幅二值图像来进行信息的嵌入。只要嵌入方法得当，通过最多改变二值图像黑白交界处的一个像素值，并利用较长(或较短)的那个游程的长度的奇偶性来分别表示需要隐藏的信息 0 或 1。由于每个位平面均可嵌入信息，而不局限在 LSB 位平面，因此有较高的嵌入容量。如果算法能保证不改变图像的统计特性，则有较高的安全性。为了进一步提高安全性，信息的嵌入是从一段游程从白到黑的变换处还是从黑到白的变换处开始，可以通过密钥来控制。

8.3.2　隐藏信息的嵌入算法

(1)对灰度图像(或彩色图像)进行位平面分解,得到多个二值图像,信息的嵌入将在每个二值图像中进行,即每个位平面均进行信息的嵌入。如果是二值图像则跳过步骤(1)。

(2)对每个二值图像进行逐行扫描,扫描方式为扫描相邻的一段黑和一段白游程对(相邻的一段黑和一段白)B 和 W。在实际扫描游程时,是先从黑游程开始还是从白游程开始,以及从哪一个游程对开始嵌入信息,每一行可以不同,主要由密钥 $k(i)$ 来控制,这样可提高算法的安全性。假设这两段游程的长度分别为 a 和 b。

(3)比较 a 和 b 的大小,如

$$c_1 = \max(a, b) \tag{8-1}$$

$$c_2 = \min(a, b) \tag{8-2}$$

不失一般性,假设 $c_1 = a$,$c_2 = b$。

(4)判断该游程对是否可嵌入信息。根据前面的分析可知,当最短的游程超过一定值,即 c_2 大于指定值 x 时可嵌入信息(由于不同位平面的感知性不同,在不同的位平面,x 的取值可以不同,在低位平面可取小些,在高位平面需要取大些)后,从待嵌入的信息中取 1 bit,转步骤(5)进行下面的嵌入处理;否则认为该游程对不能嵌入信息,转步骤(6)选择下一个游程对再尝试嵌入操作。

(5)当长游程的长度 c_1 的奇偶性与待嵌入的信息赋值相同时,不进行任何修改;当长游程的长度 c_1 的奇偶性与待嵌入的信息不同时,修改两段游程交界处的一个像素值,修改原则为使较长的那个游程的奇偶性与待嵌入信息比特相同(游程长度为奇数时,嵌入 1;游程长度为偶数时,嵌入 0)。具体过程又分三种情况。

① 修改两段游程交界处的一个像素点的值,使 c_1 增加 1,c_2 减少 1,若满足 $\min(c_1, c_2) > x$,则嵌入完成,转步骤(6)。

② 在第①步的基础上,将 c_1 的长度减少 2(相当于在原来的基础上 c_1 减少 1,c_2 增加 1),若满足 $\min(c_1, c_2) > x$,则嵌入完成,转步骤(6)。若修改后,短游程的长度仍大于指定的最小可隐藏的游程的长度 x,且较长的游程的奇偶性与待嵌入的信息赋值相同,则嵌入完成,转步骤(6)。在此过程中,两段游程的长短关系可能会发生改变(仅发生于较长的游程长度比较短的游程大 1 的情况),若改变后的长游程的奇偶性与待嵌入信息相同,则嵌入完成,转步骤(6),否则转下面的第③步操作。

③ 在完成第①、②步后,如果仍不能满足嵌入要求,则说明该游程对无法嵌

入信息。该情况仅发生于游程对两个游程的长度相同，且当嵌入后使得最短的游程长度小于 x 时，为避免提取时的漏判，需要进行嵌入处理(将其中一个游程的长度增加 1，另一个减少 1)，但本次嵌入作为无效嵌入，在下一次嵌入处理时不取新的信息进行嵌入，即本次嵌入的信息需要重新嵌入，在提取信息时不在该游程对提取信息。

(6)扫描下一个游程对，对下一个待嵌入的比特进行嵌入操作，直到所有信息均嵌入完成为止。在扫描游程对的过程中，如果一行已扫描完毕，则在密钥的控制下，扫描下一行。

8.3.3　隐藏信息的提取方法

根据隐藏信息的嵌入过程可知，只要找出那些隐藏有信息的游程对，再根据长游程的奇偶性就可提取出嵌入的信息，具体步骤如下：

(1)同嵌入过程一样对灰度图像(或彩色图像)进行位平面分解，得到多个二值图像。

(2)根据密钥 $k(i)$，确定扫描的起始位置，扫描每个二值图像各行的游程对，记录这两段游程的长度分别为 a 和 b。

(3)提取嵌入的信息。如果游程长度 a 和 b 均大于指定值 x，则说明有嵌入 1 bit 信息，否则说明该游程对中没有嵌入信息。较长的那个游程的奇偶性即为所嵌入信息(如果相同，则选择前面的那一个)，即

$$w(j)=\max(a, b)\bmod 2 \tag{8-3}$$

(4)根据嵌入算法扫描下一游程对，提取后面的信息，直到所有信息全部提取完毕。

8.4　仿真实验结果与分析

为检验不同算法的安全性、嵌入容量和不可感知性，分别用灰度图像(彩色图像可看作 RGB 三色所对应的灰度图像的合成图像)和二值图像进行实验。

(1)用图 8-5(a)～图 8-5(f)所示的 256×256 bit 的"bird"、"lena"、"bead"、"house"、"mandrill"和"cavas"六幅标准灰度测试图像进行满嵌入和提取实验。嵌入信息后的载密图像分别如图 8-6 所示。

图 8-5　嵌入所用标准灰度图像

(a) bird

(b) lena

(c) bead

(d) house

(e) mandrill

(f) cavas

图 8-6　嵌入信息后的图像

　　从主观视觉上感觉不到图像在嵌入前后的变化，再对图像嵌入前后的不可感知性进行客观评价。由于常用于评价灰度图像失真的峰值信噪比(PSNR)不适合于图像信息隐藏的不可感知性[183]，所以采用文献[170]提出的客观度量指标 CSF 和改进的加权峰值信噪比(Weighted Peak Signal to Noise Rate，WPSNR)评价指标检验图像的不可感知性，评价结果见表 8-1，从表中数据可知其不可感知性指标均超过其视觉可感知阈值很多，说明本章算法的不可感知性好。

表 8-1　图像嵌入信息后的不可感知性测试结果

图像名称	CSF	WPSNR
bird	51.39	60.63
lena	46.22	54.46
bead	51.34	56.44
house	50.35	51.72
mandrill	42.32	57.94
cavas	41.83	67.25

　　将如图 8-6(c)所示的图像进行位平面分解，其四个低位位平面图分别如图 8-7(a)～图 8-7(d)所示，从图中可以看出，嵌入信息后图像的四个低位平面图与图 8-5(a)相应的位平面图 8-4(e)～图 8-4(h)基本一致，即保留了原始图像低位平面呈现的非随机特性，可有效抵御基于根据图像的 LSB 位和其他低位平面是否呈现随机这一特点来进行的隐写分析检测。

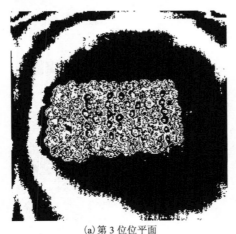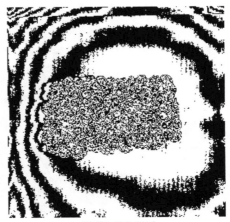

(a)第 3 位位平面　　　　　　　　　　　　　　　(b)第 2 位位平面

图 8-7　载密图像的四个低位位平面图

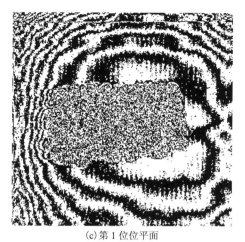 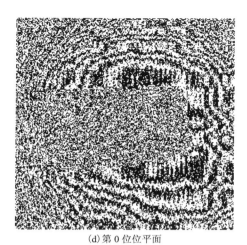

(c)第 1 位位平面　　　　　　　　　　　　　(d)第 0 位位平面

图 8-7　载密图像的四个低位位平面图(续)

如图 8-6 所示的六幅图像相对于图 8-5 所示的六幅图像在嵌入信息前后游程变化最多的部分游程的变化情况分别如图 8-8(a)～图 8-8(f)所示。从图 8-8 可以看出，嵌入信息后的图像的各种长度的游程的数量并未出现明显的增加或减少现象，即游程长度统计特性没有明显的变化，因此可抵御基于游程长度统计特性的各种隐写检查方法。

用卡方(χ^2)分析方法、RS(regular and singular groups method)分析法、SPA(sample pair analysis)法和 GPC 分析(gray-level plane crossing analysis)法对载密图像进行隐写检测，均未检测到载密图像中有秘密信息，可见本章算法可有效对付此几类隐写分析，嵌入的信息有较好的安全性。

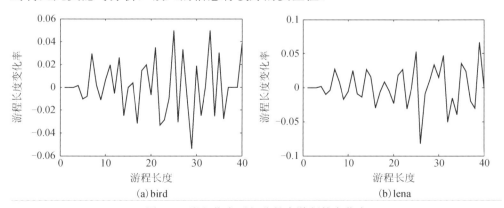

(a) bird　　　　　　　　　　　　　　　　(b) lena

图 8-8　嵌入信息后部分长度游程的变化率

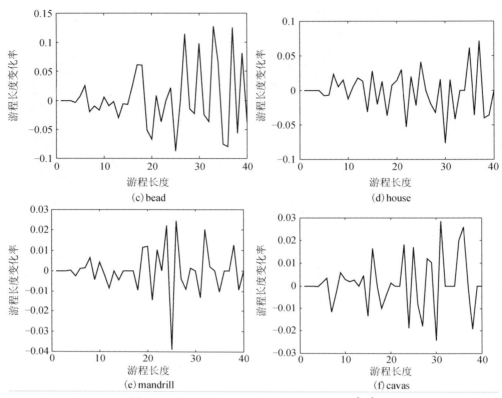

图 8-8　嵌入信息后部分长度游程的变化率（续）

如图 8-6 所示的六幅图像嵌入容量见表 8-2，提取嵌入信息的正确率为 100%，根据结果可知本章算法的嵌入容量虽然比 LSB 算法要低，但比多数变换域算法要高很多，而安全性则比 LSB 隐藏算法和多数变换域算法高。如果单纯从高容量考虑，可以在低位平面采用 LSB 隐藏算法，而在高位平面采用本章算法，则嵌入容量可比 LSB 隐藏算法更大。

表 8-2　典型测试图像最大可嵌入容量

图像名称	bird	lena	bead	house	mandrill	cavas
嵌入容量/bit	2961	2283	1950	2703	3282	1778

（2）用如图 8-9（a）和图 8-9（b）所示的 256×256×1 bit 的两幅标准二值测试图像 circle 和 soil 进行满嵌入和提取实验，嵌入信息后的载密图像分别如图 8-10（a）和图 8-10（b）所示。

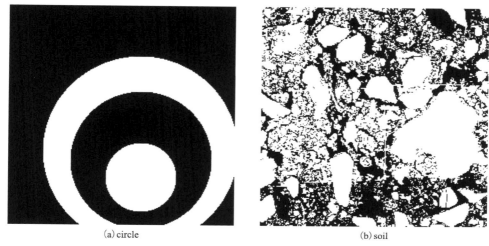

(a) circle   (b) soil

图 8-9 用于测试的两幅标准二值图像

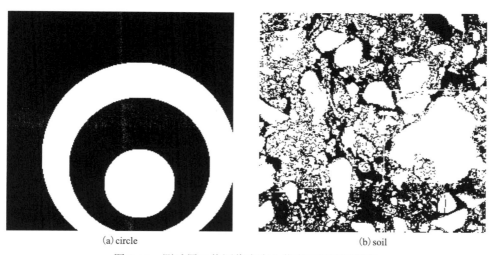

(a) circle   (b) soil

图 8-10 测试用二值图像在嵌入信息后的载密图像

实验用的二值图像在嵌入信息前后游程变化最多的部分游程的变化情况分别如图 8-11 所示。从图 8-11 中可以看出，嵌入信息后的图像的各种长度的游程的数量未出现明显的增加或减少现象，用文献[180]所述的基于游程长度的检测算法同样未检测到嵌入的隐藏信息，可见本章算法对二值图像的信息隐藏同样可抵御基于游程长度统计特性的各种隐写检查方法。

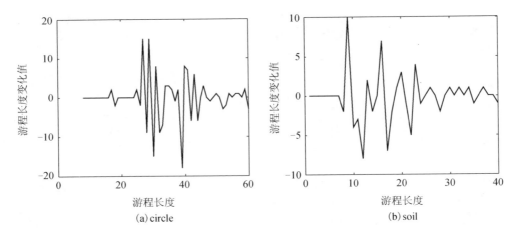

图 8-11　二值图像嵌入信息前后部分游程数的变化情况

　　嵌入信息后的嵌入容量和客观评价指标值分别见表 8-3 和表 8-4，根据这两个表可知本章算法的嵌入容量与嵌入容量相对较大的 3×3 的分块二值图像信息隐藏算法相当，但比所有的分块信息隐藏算法有更高的不可感知性。不过本章算法用于二值文本图像时，如果文本的笔画较细，则嵌入容量很小，并且一些光滑的垂直笔画的垂直边沿处，可能存在锯齿现象，这是本章算法应用于二值文本图像时还需要改进的地方。

表 8-3　二值测试图像最大可嵌入容量

图像名称	circle	soil
嵌入容量/bit	2961	2283

表 8-4　二值图像嵌入信息后的不可感知性测试结果

图像名称	CSF	WPSNR
circle	55.41	41.75
soil	43.98	41.12

　　用卡方 (χ^2) 分析方法、RS 分析法和 GPC 分析法对载密图像进行隐写检测，同样未检测到载密图像中有秘密信息，可见本章算法同样可适应二值图像的信息隐藏，并且具有很好的不可感知性和抗检测能力，可有效抵御隐写分析，比分块算法更安全。

8.5　本章小结

利用人类视觉特性，提出了一种基于游程长度的隐藏算法，通过将灰度图像或彩色图像分解成多幅二值图像，再对二值图像每一对黑白游程进行判断是否可嵌入信息，在嵌入信息时最多修改一个长游程对中的一个像素点的像素值。该算法不会使图像的低位位平面出现噪声特性，也不会造成长游程长度的减少，因此不会改变图像各位平面的游程长度的统计特性，可有效抵御卡方(χ^2)分析方法、RS 分析法和 GPC 分析法等隐写分析方法对载密图像的隐写检测，具有较高的安全性。同时，由于算法能在包括最高有效位(MSB)所在平面的所有位平面嵌入信息，所以其嵌入容量也比较高，能满足对嵌入容量有较高要求的应用的需要。仿真实验结果也证明该算法的安全性高，不可感知性好，并且嵌入容量大，可应用于隐秘通信等对隐藏容量和安全性有较高要求的场合。

参 考 文 献

[1] Anthony M. Learning multivalued multithreshold functions. CDMA Report No. LSE-CDMA-2003-03, London School of Economics, 2003.

[2] 戴跃伟. 信息隐藏技术的理论及应用研究[博士学位论文]. 南京: 南京理工大学, 2002.

[3] Zhu X. A semi-fragile digital watermarking algorithm in wavelet transform domain based on Arnold transform// Proceedings of 9th International Conference on Signal Processing, 2008: 2217-2220.

[4] 王泽辉. 二维随机矩阵置乱变换的周期及在图像信息隐藏中的应用. 计算机学报, 2006, 29(12): 2218- 2224.

[5] 齐东旭, 邹建成, 韩效宥. 一类新的置乱变换及其在图像信息隐藏中的应用. 中国科学(E辑), 2000, 30(5): 440- 447.

[6] Yan X, Guan S, Niu X. Research on the capacity of error-correcting codes-based information hiding// Proceedings of International Conference on Intelligent Information Hiding and Multimedia Signal Processing, Harbin, 2008: 1158-1161.

[7] 王育民, 张彤, 黄继武. 信息隐藏理论与技术. 北京: 清华大学出版社, 2006.

[8] Wang Z, Bovik A C. A universal image quality index. IEEE Signal Processing Letters, 2002, 9: 81-84.

[9] Wang Z, Wu G X, Sheikh R H, et al. Quality-aware images. IEEE Transactions on Image on Processing, 2006, 15(6): 1680-1689.

[10] Yusof Y, Khalifa O O. Imperceptibility and robustness analysis of DWT-based digital image watermarking// Proceedings of 2008 International Conference on Computer and Communication Engineering, Kuala Lumpur, Malaysia, 2008: 1325-1330.

[11] Kang X, Huang J, Zeng W. Improving robustness of quantization-based image watermarking via adaptive receiver. IEEE Transactions on Multimedia , 2008, 10(6): 953-959.

[12] Chamidu A, Koichi H. Perceptible content retrieval in DCT domain and semi-fragile watermarking technique for perceptible content authentication. WSEAS Transactions on Signal Processing, 2008, 4(11): 627-636.

[13] Ramkumar M, Akansu A N. Capacity estimates for data hiding in compressed images. IEEE Transactions on Image Processing, 2001, 10(8): 1252-1263.

[14] 袁征. 可证安全的数字水印方案. 通信学报, 2008, 29(9): 91-96.

[15] 毛家发, 林家骏, 戴蒙. 基于图像攻击的隐藏信息盲检测技术. 计算机学报, 2009, 32(2): 318-327.

[16] Cachin C. An information-theoretic model for steganography. Information and Computation, 2004, 192(1): 41-56.

[17] Mittelholzer T. An information-theoretic approach to steganography and watermarking. Lecture Notes in Computer Science 1768, 1999: 1-16.

[18] Kim K J, Jung K H, Yoo K Y. A high capacity data hiding method using PVD and LSB// 2008 International Conference on Computer Science and Software Engineering (CSSE 2008), Hubei, China , 2008: 876-879.

[19] 同鸣, 闫涛, 姬红兵. 一种抵抗强剪切攻击的鲁棒性数字水印算法. 西安电子科技大学学报, 2009, 40(1): 22-27.

[20] Anderson R J. Stretching the limits of steganography// Proceedings of First International

Workshop in Information Hiding, Springer Lecture Notes in Computer Science, 1996, 1174: 39-48.

[21] Craver S. Zero-knowledge watermark detection// Proceedings of the Third International Workshop on Information Hiding, 2000, 1768: 101-116.

[22] Furon T, Duhamel P. An asymmetric watermarking method. IEEE Transactions on Signal Processing, 2003, 51: 981-995.

[23] Chen O T C, Wu W C. Highly robust , secure , and perceptual-quality echo hiding scheme. IEEE Transactions on Audio, Speech, and Language Processing, 2008, 16(3): 629-638.

[24] Hartung F, Kutter M. Multimedia watermarking techniques. Proceedings of IEEE, 1999, 87(7): 1079-1107.

[25] 胡洋, 张春田, 苏育挺. 基于H.264/AVC的视频信息隐藏算法. 电子学报, 2008, 36(4): 690-694.

[26] Zheng X S, Zhao Y L, Li N, et al. Research of synchronization robustness in video digital watermarking// Proceedings of International Colloquium on Computing, Communication, Control, and Management, CCCM 2008, 2008, 1: 276-279.

[27] Johnson N F. Steganography tools. http: //www.jjtc.com/security/stegtools.htm [2008-9-16].

[28] Yang C H, Weng C Y, Wang S J. Adaptive data hiding in edge areas of images with spatial LSB domain systems. IEEE Transactions on Information Forensics and Security, 2008, 3(3): 488-497.

[29] Lie W N, Chang L C. Data hiding in images with adaptive numbers of least significant bits based on the human visual system// Proceedings of 1999 International Conference on Image Processing, Kobe, Japan, 1999, 1: 286-290.

[30] Wang R Z, Lin C F, Lin J C. Image hiding by optimal LSB substitution and genetic algorithm. Pattern Recognition, 2001, 34(3): 671-683.

[31] 孙文静, 孙亚民, 张学梅. 基于直接位平面替换的LSB信息隐藏技术. 计算机科学, 2008, 35(12): 207-209.

[32] 庞晓红. 图像数字水印理论与技术研究[博士学位论文]. 哈尔滨: 哈尔滨工程大学, 2006.

[33] Aslantas V. An optimal robust digital image watermarking based on SVD using differential evolution algorithm. Optics Communications, 2009, 282(5): 769-777.

[34] 楼偶俊, 钮旋. 基于特征点模板的Contourlet域抗几何攻击水印算法研究. 计算机学报, 2009, 32(2): 308-316.

[35] 肖亮, 韦志辉. 脊波域稳健性水印嵌入算法与可靠性分析. 南京理工大学学报(自然科学版), 2008, 32(4): 411-415.

[36] Zhao M, Dang Y. Color image copyright protection digital watermarking algorithm based on DWT & DCT// Proceedings of 2008 International Conference on Wireless Communications, Networking and Mobile Computing, Scientific Research Publishing, USA, 2008: 659-662.

[37] Watson A B. DCT quantization matrices visually optimized for individual images. Human Vision, Visual Processing, and Digital Display, 1993, 1: 202-216.

[38] Bi N, Sun Q, Huang D, et al. Robust image watermarking based on multiband wavelets and empirical mode decomposition. IEEE Transactions on Image Processing, 2007, 16(8): 1956-1966.

[39] 蒋铭, 孙水发, 汪京培, 等. 视觉自适应灰度级数字水印算法. 武汉大学学报(理学版), 2009, 55(1): 97-100.

[40] Zhang Y H. Blind watermark algorithm based on HVS and RBF neural network in DWT domain. WSEAS Transactions on Computers, 2009, 8(1): 174-183.

[41] Cox I J, Kilian J, Leighton F T, et al. Secure spread spectrum watermarking for multimedia.

IEEE Transactions on Image Processing, 1997, 6(12): 1673-1687.

[42] Chen B, Wornell C W. Quantization index modulation: a class of provably good methods for digital watermarking and information embedding. IEEE Transactions on Information Theory, 2001, 47(4): 1423-1443.

[43] Peel C B. On "dirty-paper coding". IEEE Signal Processing Magazine, 2003, 3: 112-113.

[44] Chang C C, Kieu T D, Chou Y C. Reversible information hiding for VQ indices based on locally adaptive coding. Journal of Visual Communication and Image Representation , 2009, 20(1): 57-64.

[45] Kii H, Onishi J, Ozawa S. The digital watermarking method by using both patchwork and DCT// Proc IEEE International Conference on Multimedia Computing and System, 1999, 1: 895-899.

[46] Miyazaki A, Okamoto A. Analysis of watermarking systems in the frequency domain and its application to design of robust watermarking systems// Proc IEEE International Conference on Acoustics, Speech and Signal Processing, Salt Lake City, USA, 2001, 3: 1969-1972.

[47] Liu H M, Zhang Z F, Huang J W, et al. A high capacity distortion-free data hiding algorithm for palotto image// Proceedings of the 2003 International Symposium on Circuits and Stems, 2003, 2: 916-919.

[48] Fabien A P P, Ross J A, Markus G K. Information hiding: a survey// Proc IEEE Special Issue on Protection of Multimedia Content, 1999, 87(7): 1062-1078.

[49] Kelley J. Terror groups hide behind Web encryption. USA Today News, 2001-02-05.

[50] 吕皖丽, 郭玉堂, 罗斌. 一种基于Tchebichef矩的半脆弱图像数字水印算法. 中山大学学报 (自然科学版), 2009, 48(1): 16-21.

[51] Xu J D , Qin W H , Ni M Y . A new scheme of image retrieval based upon digital watermarking// Proceedings of 2008 International Symposium on Computer Science and Computational Technology, Shanghai, 2008, 1: 617-620.

[52] Costa M. Writing on dirty paper. IEEE Transactions Inform Theory, 1983, 29(3): 439-441.

[53] Cohen A, Lapidoth A. Generalized writing on dirty paper. Proceedings of the International. Symposium on Information Theory (ISIT) , Lausanne , Switzerland , 2002: 227.

[54] Moulin P, Sullivan J A. Information theoretic analysis of information hiding. IEEE Transactions on Information Theory , 2003, 49 (3): 563-593.

[55] Somekh-Baruch A, Merhav N. On the capacity game of public watermarking system. IEEE Transactions Information Theory, 2004, 50(3): 511-524.

[56] Somekh-Baruch A , Merhav N. On the error exponent and capacity games of private watermarking systems. IEEE Transactions on Information Theory, 2003, 49 (3): 537-562.

[57] Steinberg Y, Merhav N. Identification in the presence of side information with application to watermarking. IEEE Transactions on Information Theory, 2001, 47 (4): 1410-1422.

[58] Chandramouli R. Data hiding capacity in the presence of an imperfectly known channel// Proceedings of SPIE International Conference on Security and Watermarking of Multimedia Contents II, San Jose, USA, 2001, 4314: 517-522.

[59] Gallanger R. Information Theory and Reliable Communication. New York: John Wiley & Sons, 1968.

[60] Lee Y K, Chen L H. High capacity image steganographic model. IEEE Proc Vision, Image and Signal Processing, 2000, 147(3): 288-294.

[61] 柏森, 曹玉强, 赵波, 等. 图象隐藏信息的容量研究. 中国图象图形学报, 2003, 8(z1): 574-577.

[62] Ramkumar M, Akansu A N. Capacity estimates for data hiding in compressed images. IEEE Transactions on Image Processing, 2001, 10(8): 1252-1263.

[63] Barni M, Bartolini R, De Rosa A, et al. Capacity of full frame DCT image watermarks. IEEE Transactions on Image Processing, 2000, 9(8): 1450-1455.

[64] Wong P H W, Au O C. A capacity estimation technique for JPEG-to-JPEG image. IEEE Transactions on Circuits and Systems for Video Technology, 2003, 3(8): 746-752.

[65] Barni M, Bartolini F, Piva A. Improved wavelet-based watermarking through pixel-wise masking. IEEE Transactions on Image Processing, 2001, 10(5): 783-791.

[66] 韦学辉, 李均利, 陈刚. 一种图像感知质量评价模型. 计算机辅助设计与图形学学报, 2007, 19(12): 1540-1545.

[67] Video Quality Expert Group. RRNR-TV group test plan draft version 2.0. http://www.vqeg.org, 2009.

[68] Wang Z, Simoncelli E P. Reduced-reference image quality assessment using a wavelet-domain natural image statistic model// Proceedings of the SPIE: Human Vision and Electronic Imaging, San Jose, 2005, 5666(1): 149-159.

[69] 路文, 高新波, 王体胜. 一种基于小波分析的部分参考型图像质量评价方法. 电子与信息学报, 2009, 21(2): 335-338.

[70] Monga V, Mihcak M. Robust and secure image hashing via non-negative matrix factorizations. IEEE Transactions on Information Forensics and Security, 2007, 2(3): 376-390.

[71] Daly S, Zeng W, Li J, et al. Visual masking in wavelet compression for JPEG2000// Proceedings of SPIE: 2000 Image and Video Communications and Processing, San Jose, 2000, 3974: 66-80.

[72] Watson A B, Yang G Y, Solomon Y A, et al. Visibility of wavelet quantization noise. IEEE Transactions Image Processing, 1997, 6(8): 1164-1175.

[73] 张晓威, 赵琳琳, 翁志娟. 定量控制虚警概率的数字水印算法. 哈尔滨工程大学学报, 2008, 29(12): 1361-1366.

[74] Cox I J, Miller M L, Bloom J A. Digital Watermarking. San Francisco: Morgan Kaufmann Publishers, 2002.

[75] 尤新刚, 郭云彪, 周琳娜. 峰值信噪比不宜用来评价信息隐藏技术. 全国第三届信息隐藏学术研讨会论文集, 2001: 51-56.

[76] Rix A W, Bourret A, Hollier M P. Models of human perception. BT Technology Journal, 1999, 17(1): 24-34.

[77] Wilson T A, Rogers S K, Myers L R. Perceptual based hyperspectral image fusion using multiresolution analysis. Optical Engineering, 1995, 34(11): 3154-3164.

[78] ITU. Methodology for the subjective assessment of the quality of the television pictures: Recommendation ITU-R BT.500-10. ITU Radio Communication Assembly, 2000.

[79] Wang Z, Bovik A C, Lu L. Why is image quality assessment so difficult?// Proc IEEE International Conference on Acoustics, Speech, and Signal Processing, Orlando, 2002, 4: 3312 - 3316.

[80] Wang Z, Bovik A C, Sheikh H R, et al. Image quality assessment: from error visibility to structural similarity. IEEE Transactions on Image Processing, 2004, 13(4): 600-612.

[81] 朱里, 李乔亮, 张婷, 等. 基于结构相似性的图像质量评价方法. 光电工程, 2007, 34(11): 108-113.

[82] 杨威, 赵剡, 许东. 基于人眼视觉的结构相似度图像质量评价方法. 北京航空航天大学学报, 2008, 34(1): 1-4.

[83] Pan X Z , Yang C L , Xie S L . An improved structural similarity for image quality assessment// Proceedings of the SPIE: The International Society for Optical Engineering, Wuhan, 2005: 1-9.

[84] Cadik M, Slavik P. Evaluation of two principal approaches to objective image quality assessment// Proceedings of the 8th International Conference on Information Visualisation, 2004: 513-518.

[85] 杨春玲, 旷开智, 冠豪, 等. 基于梯度的结构相似度的图像质量评价方法. 华南理工大学学报(自然科学版), 2006, 34(9): 22-25.

[86] Watson A B. DCT quantization matrices visually optimized for individual images. Human Vision, Visual Processing and Digital Display, 1993, 1: 202-216.

[87] Kaewkameerd N, Rao K R. Wavelet based image adaptive watermarking scheme. Electronic Letters, 2000, 36(4): 312-313.

[88] 张婷, 尤新刚, 孔祥维. 基于像素块误差分布的信息隐藏性能测试. 全国第四届信息隐藏学术研讨会论文集(CIHW2002), 2002: 21-27.

[89] Jayant N, Johnston J, Safranek R. Signal compression based on models of human perception// Proceedings of the IEEE, 1993,81(10): 1385-1422.

[90] Huang J W, Shi Y Q, Shi Y. Embedding image watermarks in DC components. IEEE Transactions on Circuits and Systems for Video Technology, 2000, 10(6): 974-979.

[91] Lu W, Sun W, Lu H. Robust watermarking based on DWT and nonnegative matrix factorization. Computers and Electrical Engineering, 2009, 35(1): 183-188.

[92] 何希平. 基于混沌的图像信息安全算法研究[博士学位论文]. 重庆: 重庆大学, 2006.

[93] Yeh W H, Hwang J J. Hiding digital information using a novel system scheme. Computer and Security, 2001, 20(6): 533-538.

[94] Arnold V I, Avez A. Ergodic Problems of Classical Mechanics, Mathematical Physics Monograph Series. New York: Benjamin W A, 1968.

[95] Hsu C T, Wu J L. Hidden digital watermarks in images. IEEE Transactions on Image Processing, 1999, 8(1): 58-68.

[96] 孙圣和, 陆哲明, 牛夏牧, 等. 数字水印技术及应用. 北京: 科学出版社, 2004.

[97] Heidaribateni G , Mcgillem C D. A chaotic direct-sequence spread-spectrum communication system. IEEE Transactions on Communications, 1994, 42 : 1524-1527.

[98] Kong T, Zhang D. A new anti-arnold transformation algorithm. Journal of Software, 2004, 15(10): 1558-1564.

[99] 卢振泰, 黎罗罗. 一种新的衡量图像置乱程度的方法. 中山大学学报(自然科学版), 2005, 44(6): 126-129.

[100] 张健, 于晓洋, 任洪娥, 等. 图像置乱程度的衡量方法. 计算机工程与应用, 2007, 43(8): 34-137.

[101] 黎罗罗. Arnold型置乱变换周期分析. 中山大学学报(自然科学版), 2005, 44(2): 1-4.

[102] 孔涛, 张亶. Arnold反变换的一种新算法. 软件学报, 2004, 15(10): 1558-1564.

[103] Qi D X, Wang D S, Yang D L. Matrix transformation of digital image and its periodicity. Progress in Natural Science, 2001, 11(7): 542-549.

[104] Feng G R , Jiang L G , He C , et al. A novel algorithm for embedding and detecting digital watermarks// Proceedings of 2003 IEEE International Conference On Acoustics, Speech and Signal Processing, 2003, 3: 549-552.

[105] Yang C H. Inverted pattern approach to improve image quality of information hiding by LSB substitution. Pattern Recognition, 2008, 41(8): 2674-2683.

[106] 周琳娜. 数字图像盲取证技术研究[博士学位论文]. 北京: 北京邮电大学, 2007.

[107] Cho J S, Shin S W. Enhancement of robustness of image watermarks into color image, based

on WT and DCT// Proceeding of International Conference on Information Technology: Coding and Computing, Las Vegas, 2000: 483-488.

[108] Nikolaidis N, Pitas I. Robust image watermarking in the spatial domain. Signal Processing, 1998, 66(3): 385-403.

[109] Du Z, Zou Y, Lu P. An optimized spatial data hiding scheme combined with convolutional codes and Hilbert scan// Proceedings of the Third IEEE Pacific Rim Conference on Multimedia: Advances in Multimedia Information Processing, 2002, 2532: 97-104.

[110] 刘连山, 李人厚, 高琦. 一种基于彩色图像绿色分量的数字水印嵌入方法. 西安交通大学学报, 2004, 38(12): 1256-1259.

[111] Kutter M, Jordan F, Bossen F. Digital signature of color images using amplitude modulation// Proceedings of the SPIE: Storage and Retrieval for Image and Video Database V, San Jose, 1997, 3022: 518-526.

[112] Kutter M, Winkler S. A vision-based masking model for spread-spectrum image watermarking. IEEE Transactions on Image Processing, 2002, 11(1): 16-25.

[113] 刘春庆, 梁光岚, 王朔中, 等. 应用二值图像信息隐藏技术实现彩色图像中的安全隐写. 应用科学学报, 2007, 25(4): 342-347.

[114] Liang G, Wang S, Zhang X. Steganography in binary image by checking data-carrying eligibility of boundary pixels. Journal of Shanghai University, 2007, 11(3): 205-209.

[115] Watson B. DCT quantization matrices visually optimized for individual images// Proceedings of the SPIE: Human Vision, Visual Processing and Digital Display IV, San Jose, 1993, 1913: 202-216.

[116] 伯晓晨. 图象信息隐藏的理论模型与若干关键技术的研究[博士学位论文]. 长沙: 国防科技大学, 2002.

[117] Yan W Q, Ding W, Qi D X. Bit-operation based image scrambling and hiding// Proceedings of IFIP/SEC2000: Information Security, Information Security for Global Information Infrastructures, 2000: 37-40.

[118] Hwang M S, Chang C C, Hwang K F. A watermarking technique based on one-way hash function. IEEE Transactions on Consumer Electronics, 1999, 45(2): 286-294.

[119] 宋琪, 朱光喜, 容太平, 等. 一种基于模运算的数字水印隐藏算法. 电子学报, 2002, 30(6): 890-892.

[120] 陈永红. 基于混沌的图像的数字水印隐藏算法. 计算机仿真, 2003, 20(9): 63-65.

[121] 朱从旭, 陈志刚. 一种基于混沌映射的空域数字水印新算法. 中南大学学报(自然科学版), 2005, 36(2): 272-276.

[122] Yeung M, Mintzer F. An invisible watermarking technique for image verification// Proc IEEE International Conference on Image Processing, Santa Barbara, 1997, 2: 680-683.

[123] Wong P, Memon N. Secret and public key image watermarking schemes for image authentication and ownership verification. IEEE Transactions on Image Processing, 2001, 10(10): 1593-1601.

[124] 和红杰, 张家树. 对水印信息篡改鲁棒的自嵌入水印算法. 软件学报, 2009, 20(2): 437-450.

[125] Holliman M, Memon N. Counterfeiting attacks for block-wise independent watermarking techniques. IEEE Transactions on Image Processing, 2000, 9(3), 432-441.

[126] Fridrich J M, Goljan M, Memon N. Further attacks on Yeung-Mintzer fragile watermarking scheme// Proceedings of the SPIE, Security and Watermarking of Multimedia Contents, San Jose, 2000: 428-437.

[127] Albanesi M G , Ferretti M , Guerrini F . A taxonomy for image authentication techniques and its application to the current state of the art// Proceedings of the 11th International Conference of Image Analysis, Palermo, 2001: 535-540.

[128] Fridrich J, Goljan M, Baldoza A C. New fragile authentication watermark for images// Proc IEEE International Conference on Image Processing ICIP, Vancouver, 2000: 446-449.

[129] Candik M, Brechlerova D. Digital watermarking in digital images// Proceedings of the 42nd Annual 2008 IEEE International Carnahan Conference on Security Technology, Prague, 2008: 43-46.

[130] Chang C C , Chen T S , Chung L Z . A steganographic method based upon JPEG and quantization table modification. Information Science, 2002, 141: 123-138.

[131] Calvagno G , Ghirardi C , Mian G A , et al. Modeling of subband image data for buffer control. IEEE Transactions Circuits System for Video Technology, 1997, 7(2): 402-408.

[132] Friedman G L. Digital camera with apparatus for authentication of images produced from an image file: United States Patent, (5, 499, 294). 1996.

[133] Cox I J , Kiliany J , Leightonz T , et al. A secure robust watermark for multimedia// Proceedings of the Workshop on Information Hiding, Cambridge, 1996: 185-206.

[134] Bao P , Ma X . Image adaptive watermarking using wavelet domain singular value decomposition. IEEE Transactions on Circuits and Systems for Video Technology, 2005, 15(1): 96-102.

[135] Gao X C , Qi C , Zhou H T. An adaptive compressed DCT domain watermarking// Proceedings of the 8th International Conference on Signal Processing, Beijing, 2006, 4: 86-90.

[136] Liu W, Dong L, Zeng W. Optimum detection of image adaptive watermarking in the DCT domain// Proc IEEE 2006 International Conference on Image Processing, Atlanta, 2006: 2557-2560.

[137] Shih F Y, Wu S Y T. Combinational image watermarking in the spatial and frequency domains. Pattern Recognition, 2003, 36(4): 969-975.

[138] Fridrich J, Lisonek P. Grid coloring in steganography. IEEE Transactions on Information Theory, 2007, 53(4): 1547-1549.

[139] Munuera C. Steganography and error-correcting codes. Signal Processing, 2007, 87(6): 1528-1533.

[140] 夏光升, 陈明奇, 杨义先, 等. 基于模运算的数字水印算法. 计算机学报, 2000, 23(11): 1146-1150.

[141] 黄继武, Shi Y Q, 程卫东. DCT域图象水印: 嵌入对策与算法. 电子学报, 2000, 28(4): 57-60.

[142] 钟桦, 张小华, 焦李成. 数字水印与图像认证: 算法及应用. 西安: 西安电子科技大学出版社, 2006.

[143] 刘春庆, 戴跃伟, 王执铨. 一种新的二值图像信息隐藏方案. 东南大学学报(自然科学版), 2003, 33: 98-101.

[144] 李赵红, 侯建军, 宋伟. 基于等级结构的二值文本图像认证水印算法. 自动化学报, 2008, 34(8): 841-848.

[145] Lu H, Shi X, Shi Y Q, et al. Watermark embedding in DC components of DCT for binary images// Proc IEEE Interataional Workshop on Multimedia Signal Processing, Virgin Islands, 2002, 12: 300-303.

[146] 周琳娜, 杨义先, 郭云彪, 等. 基于二值图像的信息隐藏研究综述. 中山大学学报(自然科学版), 2004, 43: 71-75.

[147] 徐迎晖. 文本载体信息隐藏技术研究[博士学位论文]. 北京: 信息工程大学, 2006.

[148] Brassil J, O'Gorman L. Watermarking document images with bounding box expansion// Proceedings of the 1st Interataional Workshop on Information Hiding, Cambridge, 1996: 227-235.

[149] Wu M, Tang E, Liu B. Data hiding in digital binary image// Proc IEEE International Conference on Multimedia and Exposition, New York, 2000, 1: 393-396.

[150] Zhao J, Koch E. Embedding robust labels into images for copyright protection// Proceedings of International Congress on Intellectual Property Rights for Specialized Information, Knowledge and New Technologies, Vienna, 1995: 242-251.

[151] Amamo T, Misaki D. Feature calibration method for watermarking of document images// Proceedings of 5th International Conference on Document Analysis and Recognition, Bangalore, 1999: 91-94.

[152] Mei Q, Wong E K, Memon N. Data hiding in binary text documents//Proceeding of SPIE Conference on Security and Watermarking of Multimedia Contents III, San Jose, 2001: 369-375.

[153] Matsui K, Tanaka K. Video-steganography: how to secretly embed a signature in a picture. IMA Intellectual Property Project, 1994, 1(1): 187-206.

[154] 牛少彰, 钮心忻, 杨义先. 半色调图像中数据隐藏算法. 电子学报, 2004, 32(7): 1180-1183.

[155] Fu M S, Au O C. Data hiding for halftone images// Proceedings of SPIE Conference on Security and Watermarking of Multimedia Contents II, 2000, 3971: 228-236.

[156] Koch E, zhao J. Toward robust hidden image copyright labeling// Proceedings of IEEE Workshop on Nonlinear Signal and Image Processing, 1995: 452-455.

[157] Fu M S, Au O C. Improved halftone image data hiding with intensity selection// Proc IEEE International Symposium on Circuits and Systems, 2001, 5: 243-246.

[158] Pei S C, Guo J M. High-capacity data hiding in halftone images using minimal error bit searching// Proc IEEE International Conference on Image Processing, Singapore, 2004: 3463-3466.

[159] Chen B, Wornell G W. Digital watermarking and information embedding using dither modulation// Proc IEEE Multimedia Signal Processing, 1998: 273-278.

[160] 张军. 用遗传算法优化二值图像信息隐藏技术的方法. 计算机工程, 2006, 32(9): 38-40.

[161] Cox I J, Miller M L. The first 50 years of electronic watermarking. Journal on Applied Signal Processing, 2002, 2: 126-132.

[162] 尹浩, 林闯, 邱峰, 等. 数字水印技术综述. 计算机研究与发展, 2005, 42 (7) : 1093-1099.

[163] Wu C W. Multimedia data hiding and authentication via halftoning and coordinate projection. EURASIP Journal on Applied Signal Processing, 2002, 2: 143-151.

[164] Mizumoto T, Matsui K. Robustness investigation of DCT digital watermark for printing and scanning. Electronics and Communications in Japan (Part III: Fundamental Electronic Science), 2003, 86(4): 11-19.

[165] 王向阳, 邬俊. 一种用于半色调图像的数字水印嵌入算法. 小型微型计算机系统, 2007, 28(3): 537-541.

[166] Shamir A. Method and for protecting visual information with printed cryptographic watermarks: United States Patent , 5488664. 1996.

[167] Bayer B E. An optimum method for two-level rendition of continuous-tone pictures.Conference Record of the International Conference on Communications, 1973: 2611-2615.

[168] Floyd R W, Steinberg L. An adaptive algorithm for spatial grey scale. International Symposium

Digest of Technical Papers, SID'75, 1975: 36-37.

[169] Mese M, Vaidyanathan P P. Recent advances in digital halftoning and inverse halftoning methods. IEEE Transactions on Circuits & Systems(Part I), 2002, 49(6): 790-805.

[170] Xie J Q, Xie Q, Huang D Z, et al. Research on imperceptibility index of image information hiding// Proceedings of the 2th International Conference on Networks Security, Wireless Communications and Trusted Computing, Wuhan, 2010: 49-53.

[171] Nezhadarya E, Wang J, Ward R K. Image watermarking based on multiscale gradient direction quantization. IEEE Transactions on Information Forensics and Security, 2011, 6(4): 1200-1213.

[172] 姜传贤, 陈孝威, 李智. 基于文本重要内容的鲁棒水印算法. 自动化学报, 2010, 36(9): 1250-1256.

[173] Zhou X M, Wang S C, Xiong S C, et al. Attack model and performance evaluation of text digital watermarking. Journal of Computers, 2010, 5(12): 1933-1941.

[174] 陈够喜, 陈俊杰. 多载体信息隐藏安全性研究. 小型微型计算机系统, 2011, 32(4): 644-646.

[175] Ker A D. Steganalysis of embedding in two least-significant bits. IEEE Transactions on Information Forensics and Security, 2007, 1(2): 46-54 .

[176] 雷雨, 杨晓元, 潘晓中, 等. 基于局部随机性的YASS隐写分析方法. 计算机学报, 2010, 33(10): 1997-2002.

[177] Fillatre L. Adaptive steganalysis of least significant bit replacement in grayscale natural images. IEEE Transactions on Signal Processing, 2012, 60(2):556-569.

[178] 张湛, 刘光杰, 戴跃伟, 等. 基于Markov链安全性的二阶统计保持隐写算法. 中国图象图形学报, 2010, 15(8): 1175-1181.

[179] Samir K B , Avishek R , Tuhin U P . A palette based approach for invisible digital watermarking using the concept of run-length. 2010 International Conference on Computational Intelligence and Communication Networks, 2010: 83-87.

[180] 周继军, 杨义先. 图像LSB隐藏游程检测算法. 西安邮电学院学报, 2005, 10(1): 1-5.

[181] 李航, 路羊, 崔慧娟, 等. 基于频域的结构相似度的图像质量评价方法. 清华大学学报(自然科学版), 2009, 49(4): 559-562.

[182] 罗向阳, 陆佩忠, 刘粉林. 一类可抵御SPA分析的动态补偿LSB信息隐藏方法. 计算机学报, 2007, 30(10): 463-473.

[183] 马秀莹, 林家骏. 信息隐藏性能评价方法. 中国图象图形学报, 2011, 16(2): 209-214.